长江口水生生物资源与科学利用丛书

长江口南部近海主要养殖鱼类的繁育与养殖

楼　宝　等编著

U0199663

科学出版社

北　京

内 容 简 介

本书总结了长江口南部近海主要养殖鱼类的繁育与养殖理论技术,全书共分 9 章,系统介绍了 9 种重要养殖鱼类的生物学特征、人工育苗技术、人工养殖技术及养殖过程中常见疾病的症状和防治方法。

本书可供从事海水动物繁殖育种的科研技术人员及广大养殖工作者参阅,也可作为高等院校相关学科教师及本科生、研究生的教学参考用书。

图书在版编目(CIP)数据

长江口南部近海主要养殖鱼类的繁育与养殖/ 楼宝等编著. —北京:科学出版社,2016.9

(长江口水生生物资源与科学利用丛书)

ISBN 978 - 7 - 03 - 049398 - 9

Ⅰ. ①长… Ⅱ. ①楼… Ⅲ. ①长江口-海水养殖-鱼类养殖 Ⅳ. ①S965.3

中国版本图书馆 CIP 数据核字(2016)第 164313 号

责任编辑:许 健

责任印制:谭宏宇 / 封面设计:殷 靓

科学出版社 出版

北京东黄城根北街 16 号

邮政编码:100717

http://www.sciencep.com

南京展望文化发展有限公司排版

苏州市越洋印刷有限公司印刷

科学出版社发行 各地新华书店经销

*

2016 年 9 月第 一 版 开本:B5(720×1000)

2016 年 9 月第一次印刷 印张:10 3/4

字数:157 000

定价:54.00 元

(如有印装质量问题,我社负责调换)

《长江口水生生物资源与科学利用丛书》

编写委员会

本书编写人员

主　　编　楼　宝

副主编　王立改　詹　炜

编写人员　楼　宝　王立改　詹　炜　陈睿毅
　　　　　刘　峰　徐冬冬

序 言

发展和保护有矛盾和统一的两个方面,在经历了数百年工业文明时代的今天,其矛盾似乎更加突出。当代人肩负着一个重大的历史责任,就是要在经济发展和资源环境保护之间寻找到平衡点。必须正确处理发展和保护之间的关系,牢固树立保护资源环境就是保护生产力、改善资源环境就是发展生产力的理念,使发展和保护相得益彰。从宏观来看,自然资源是有限的,如果不当地开发利用资源,就会透支未来,损害子孙后代的生存环境,破坏生产力和可持续发展。

长江口地处江海交汇处,气候温和、交通便利,是当今世界经济和社会发展最快、潜力巨大的区域之一。长江口水生生物资源十分丰富,孕育了著名的"五大渔汛",出产了美味的"长江三鲜",分布着"国宝"中华鲟和"四大淡水名鱼"之一的淞江鲈等名贵珍稀物种,还提供了鳗苗、蟹苗等优质苗种支撑我国特种水产养殖业的发展。长江口是我国重要的渔业资源宝库,水生生物多样性极具特色。

然而,近年来长江口水生生物资源和生态环境正面临着多重威胁:水生生物的重要栖息地遭到破坏;过度捕捞使天然渔业资源快速衰退;全流域的污染物汇集于长江口,造成水质严重污染;外来物种的入侵威胁本地种的生存;全球气候变化对河口区域影响明显。水可载舟,亦可覆舟,长江口生态环境警钟要不时敲响,否则生态环境恶化和资源衰退或将成为制约该区域可持续发展的关键因子。

在长江流域发展与保护这一终极命题上,"共抓大保护,不搞大开发"的思想给出了明确答案。长江口区域经济社会的发展,要从中华民族长远利益考虑,走生态优先、绿色发展之路。能否实现这一目标?长江口水生生物资源及其生态环境的历史和现状是怎样的？未来将会怎样变化？如何做到长江口水生生物资源可持续利用？长江口能否为子孙后代继续发挥生态屏障的重要作用……这些都是大众十分关心的焦点问题。

针对这些问题，在国家公益性行业科研专项"长江口重要渔业资源养护与利用关键技术集成与示范（201203065）"以及其他国家和地方科研项目的支持下，中国水产科学研究院东海水产研究所、中国水产科学研究院淡水渔业研究中心、华东师范大学、上海海洋大学、复旦大学、上海市水产研究所、浙江省海洋水产研究所、江苏省海洋水产研究所等科研机构和高等院校的100余名科研人员团结协作，经过多年的潜心调查研究，力争能够给出一些答案。并将这些答案汇总成《长江口水生生物资源与科学利用丛书》，该丛书由12部专著组成，有些论述了长江口水生生物资源和生态环境的现状和发展趋势，有些描述了重要物种的生物学特性和保育措施，有些讨论了资源的可持续利用技术和策略。

衷心期待该丛书之中的科学资料和学术观点，能够在长江口生态环境保护和资源合理利用中发挥出应有的作用。期待与各界同仁共同努力，使长江口永葆生机活力。

2016 年 8 月 4 日于上海

前　言

　　我国是水产养殖大国,水产养殖是我国水产业发展的一个重要方向。在水产养殖种类中,鱼类对我国水产养殖的健康发展起着越来越重要的作用。鱼类养殖业的发展主要受到苗种、饲料和病害等几个方面的制约。因此,促进养殖鱼类生殖生长和实现苗种规模化繁育及健康养殖是鱼类养殖生产持续健康发展的关键。大黄鱼、鲈、鮸、黑鲷、黄姑鱼和鲻等是长江口南部近海重要的海水鱼类,深受消费者喜爱。目前,上述鱼类均已成功进行人工繁殖。然而,由于这些鱼类的人工育苗及健康养殖技术未能系统归纳总结,许多养殖业者对鱼类的亲鱼强化培育、减少亲鱼催产后死亡率、苗种和成鱼生长过程中的摄食规律等关键技术缺乏认识,导致繁殖过程中亲鱼大量死亡,繁殖的苗种质量低劣,表现为生长缓慢、产量低、生长不均匀、抗逆性差、死亡率高等,同时养殖过程中疾病暴发频繁,死亡率居高不下,给养殖业者造成巨大的经济损失。更重要的是,不恰当的繁殖和养殖管理也使得许多名贵经济鱼类资源日趋衰退,这些严重问题极大阻碍了我国水产养殖业的健康发展。

　　在国家公益性行业(农业)科研专项"长江口重要渔业资源养护与利用关键技术集成与示范"项目资助下,浙江省海洋水产研究所楼宝研究员、王立改助理研究员、詹炜工程师、陈睿毅工程师、刘峰助理研究员和徐冬冬高级工程师等相关科技人员,共同编写了这部科学性、专业性、学术性和实用性很强的工具书,对长江口南部近岸重要养殖鱼类的生态特征、人工繁殖、成鱼养殖及病害防控技术进行系统的总结,便于科研人员及广大养殖业者参阅,推动我国水产养殖业的健康可持续发展。

在编写过程中,得到了中国水产科学研究院庄平研究员的关心和支持,书中的插图是由林家豪和鲁琼两位研究生协助完成的,在此谨向他们致以诚挚的感谢。

由于编者水平有限,本书难免存在不足之处,恳请读者批评指正。

楼　宝

2016 年 3 月

目 录

第1章 大 黄 鱼

1.1 大黄鱼的生物学特征

1.1.1 分类地位及分布

1.1.1.1 分类地位

大黄鱼的拉丁文学名最早是在 1846 年由 Richardson 所命名,称为 *Larimichthys crocea* Richardson, 1846,隶属于鲈形目石首鱼科黄鱼亚科黄鱼属。大黄鱼在我国各地有多种俗称,广东的有红口、黄纹、黄鱼、金龙、黄金龙等;福建的有黄鱼、红瓜、黄瓜、黄瓜鱼、黄花鱼等;江、浙、沪的有大鲜、大黄鱼等;辽、鲁的有大黄花鱼等。大黄鱼的英文名为 Large yellow croaker。

1.1.1.2 地理分布

大黄鱼为中国、朝鲜、韩国和日本等北太平洋西部海域重要的经济鱼类,主要分布在中国从黄海南部,经东海、台湾海峡到南海雷州半岛以东的约 60 m 等深线以内狭长的沿海海域。历史上主要的产卵场、越冬场和渔场自北而南有:黄海南部的江苏吕泗洋产卵场;东海北部的长江口—舟山外越冬场、浙江的岱衢洋产卵场;东海中部的浙江猫头洋产卵场、瓯江—闽江口外越冬场;东海南部的福建官井洋内湾性产卵场;南海北部广东珠江口以东的南澳岛—汕尾外海渔场和广东西部硇洲岛一带海域产卵场等 10 多处。

由于不同的地理分布,大黄鱼在形态、性成熟年龄和寿命上表现出一系列地理性的差异,形成不同的种群和群体。这个问题较为复杂,目前学术界在对大黄鱼地理种群及其产卵群体的划分上的看法尚不一致。

徐恭昭等(1959)与田明诚等(1962)将我国上述几个产卵场和渔场的大黄鱼,自北而南划分为岱衢族、闽—粤东族和硇洲族等 3 个地理种群(即地方族),这一理论被渔业科技界一直沿用至今。

1.1.2 形态特征

1.1.2.1 体形

大黄鱼体延长,侧扁。背腹缘均为广弧形。尾柄细长,尾柄长为尾柄高的3倍及以上;体长为体高的3.7~4.0倍,为头长的3.6~4.0倍。

1.1.2.2 头部形态与构造

头侧扁,大而尖钝;具发达的黏液腔。头长为吻长的4.0~4.8倍,为眼径的4.0~6.0倍。吻钝尖,吻长大于眼径,吻褶完整,不分叶,吻上孔细小,3个或消失;吻缘孔5个,中吻缘孔圆形,侧吻缘孔呈裂缝状。眼中大,上侧位,位于头的前半部;眼间隔圆凸,大于眼径。鼻孔每侧2个,前鼻孔小,圆形;后鼻孔大,长圆形,紧接眼的前缘。口大,前位,斜裂。下颌稍突出,缝合处有一瘤状突起。上颌骨后端几伸达眼后缘下方。牙细小而尖锐。颏孔6个,不明显,中央颏孔及内侧颏孔呈方形排列,外侧颏孔存在;无颏须。鳃孔大,鳃盖膜不与峡部相连。前鳃盖骨边缘具细锯齿;鳃盖骨后上方具2扁棘。鳃盖条7。鳃耙细长,约为眼径的2/3(图1-1)。

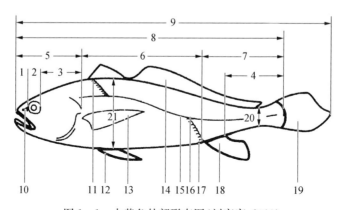

图1-1 大黄鱼外部形态图(刘家富,2013)

1.吻长;2.眼长;3.眼后头长;4.尾柄长;5.头长;6.躯干长;7.尾长;8.体长;9.全长;10.鼻孔;11.侧线上鳞;12腹鳍;13.胸鳍;14.背鳍;15.侧线;16.侧线下鳞;17肛门;18.臀鳍;19.尾鳍;20.尾柄高;21.体高

1.1.2.3 鳞被与侧线

大黄鱼的头部及体的前部被圆鳞,体的后部被栉鳞。背鳍鳍条部及臀鳍鳍膜上的2/3以上均被小圆鳞,尾鳍被鳞。体侧下部各鳞下均具一金黄色腺体。侧线完全,前部稍弯曲,后部平值,伸达尾鳍末端。侧线鳞多为56~57,侧线上鳞 8～9,侧线下鳞 8。

1.1.2.4　鳍式

大黄鱼背鳍Ⅷ-Ⅸ,Ⅰ-31-34;臀鳍Ⅱ-8;胸鳍 15～17;腹鳍Ⅰ-5。背鳍连续。鳍棘部与鳍条部之间有一深凹,起点在胸鳍基部上方,第一鳍棘短弱,第三鳍棘最长。臀鳍起点约与背鳍鳍条中间相对,第二鳍棘等于或稍大于眼径。胸鳍尖长,长于腹鳍。腹鳍较小,起点稍后于胸鳍起点。尾鳍尖长,稍呈楔形。

1.1.2.5　体色

大黄鱼背面和上侧面黄褐色,下侧面和腹面金黄色。背鳍及尾鳍灰黄色,胸鳍和腹鳍黄色,唇橘红色。

1.1.3　栖息环境

1.1.3.1　自然栖息环境

大黄鱼通常栖息在水深 60 m 以内的近海中下层。厌强光,喜浊流。黎明、黄昏或大潮时多上浮,白昼或小潮时则下沉。大黄鱼为暖温性鱼类,对水温的适应范围为 10～32℃,最适生长温度为 18～25℃,但不同地理种群的大黄鱼对温度的适应范围有所差异。水温变化将影响大黄鱼的摄食、生长和繁殖。大黄鱼在近岸水温达到 18～19.5℃时开始生殖洄游,进入产卵场。水温范围在19.5～22.5℃为大黄鱼生殖盛期。水温低于 18℃或超过 25℃,不适合于大黄鱼的生殖、受精卵的孵化和幼鱼的生长,生殖鱼群将为了追求其适应温度,向外海移动。可见,水温的变化直接影响着大黄鱼生殖鱼群的洄游和渔场的变动。大黄鱼的生存盐度范围为 24.8～34.5,其适盐性在 30.5～32.5。盐度过低会影响大黄鱼的集群移动。沿岸渔场若春汛雨水量过大,盐度明显下降时,生殖鱼群为了追随其适合的盐度,遂离开渔场。天然海水的 pH 一般较稳定,为7.85～8.35;溶氧量(DO)也较高,一般在 4 mg/L 以上,适合于大黄鱼生存。

1.1.3.2　人工养殖环境

随着大黄鱼养殖业的不断发展,大黄鱼的养殖有海水网箱养殖、池塘养殖等多种方式,养殖环境也略有不同。

海水网箱养殖要受到海区水的流速、透明度、深度、底质状况,以及台风、雨季等诸因素的影响。海水网箱设置在海区港湾内,海水流速一般在 1 m/s 以内,潮流要畅通,水流为往复流。网箱内的水流速在 0.2 m/s 以内。海区水深

3

一般在 7 m 以上,以保证在海水最低潮时,网箱箱底距离海底不小于 2 m。养殖水环境的透明度一般在 0.2～3.0 m,最好在 1.0 m 左右。养殖的大黄鱼同样厌强光,怕打击声的刺激,易受惊扰。池塘养殖一般选择潮流畅通、潮汐差大、水源充足、水质好的地方。池塘水深在 3.0 m 以上。底质以沙泥底或泥沙底为宜。水体透明度 0.4～0.5 m,若透明度低,水中的浮游生物多,夜间将消耗太多的氧气,会造成养殖鱼缺氧产生"浮头"现象,甚至窒息死亡。养殖大黄鱼在水温降到 14℃ 以下时将减少摄食,鱼体生长缓慢,甚至停止生长。水温在 15℃ 以上时开始摄食,18℃ 以上时摄食旺盛,鱼体生长最快,而在 30℃ 以上时摄食又明显减少。养殖水环境 pH 的变化也会影响到养殖鱼的生理代谢。水质变坏将导致 pH 偏酸(pH6.5 以下),即使水中溶氧量高,养殖鱼也会"浮头",最后窒息死亡。成鱼的溶氧临界值为 3 mg/L,幼鱼的溶氧临界值为 2 mg/L。海水盐度的变化会影响大黄鱼受精卵的发育及孵化。实验表明,较低的盐度(20.2 以下)会影响到浮性卵在水层中的垂直分布,盐度在 16.3 以下或 32.5 以上时,不宜胚胎发育。

1.1.4 食性与摄食

大黄鱼为广食谱的肉食性鱼类。据分析,大黄鱼在自然海区的一生中摄食的天然饵料生物达上百种。大黄鱼在不同的发育阶段,摄食的饵料生物种类也不同。刚开口的仔鱼,就开始捕食轮虫和桡足类、多毛类、瓣鳃类等浮游幼体;稚鱼阶段主要捕食桡足类和其他小型甲壳类幼体;50 g 以下的早期幼鱼以捕食糠虾、磷虾、莹虾等小型甲壳类为主。50 g 以上的大黄鱼捕食的饵料生物种类更多,除了糠虾、磷虾、莹虾等小型甲壳类之外,还有各种小鱼和幼鱼,以及虾、虾蛄、蟹类等及其幼体。人工养殖的大黄鱼,从稚鱼阶段起,均可摄食较软的人工配合颗粒饲料。养殖的大黄鱼摄食缓慢,但在密集与饥饿状态下,大黄鱼稚鱼从全长 14 mm 开始,就出现普遍的自相残食现象。大黄鱼的摄食强度与温度高低密切相关。在适温范围内,水温愈高,摄食量愈大,生长也愈快。大黄鱼具有集群摄食的习性。养殖实践表明,以大型网箱养殖或放养密度较大的大黄鱼,在大群体抢食的氛围下,食欲旺盛、生长加快。可取得较佳的养殖效果。

大黄鱼除了在临产及产卵中的短短数小时内不摄食外,其他时间只要达不到饱食程度,几乎都在摄食。即使在冬季,大黄鱼也可以从水温较低的海域洄游到水温较高的越冬海域继续摄食。

1.1.5　生长习性

大黄鱼3个地理种群的生长速度,存在种内差异。岱衢族的大黄鱼,生长慢、寿命长、性成熟较晚;闽—粤东族的大黄鱼,生长快、寿命稍长、性成熟较晚;硇洲族的大黄鱼,则生长快、寿命短、性成熟早。

大黄鱼的生长,雌鱼快于雄鱼。全长 20～50 mm 的幼鱼,生长慢,成活率低。随着体长的增长,生长速度稍快于前期,全长达到 130～150 mm 的个体,生长发育快,不但体长生长快,而且体宽、体高都有增长,这就是体重在此期间增长快的原因之一。在春、秋两季的繁殖季节,前后大约 90 d 的时间,生长发育受到一定的影响。产卵后,摄食量猛增,生长发育恢复正常。

大黄鱼,不同的种群,在不同的海域里,因水温不同,生长状况有一定的差异。岱衢族的大黄鱼,生长慢、寿命长、性成熟晚。在此产卵场捕获的大黄鱼,最高龄为 30 龄,最大体长为 58.1 cm,体重为 2 365 g;闽—粤东族的大黄鱼,生长快、寿命长、性成熟晚,在官井洋捕获的最高龄为 17 龄,最大体长为 48.5 cm,体重为 1 750 g。

在人工养殖条件下,大黄鱼经 18 个月的养殖,一般可达 300～500 g 的商品鱼规格。雌鱼生长明显快于雄鱼,这与大黄鱼雄鱼性成熟较早有关。

1.1.6　繁殖习性

1.1.6.1　生殖洄游

大黄鱼是集群生殖洄游性鱼类。每年生殖期间,生殖腺发育成熟的鱼群分批从外海越冬区沿着一定的路线,集群游向浅海和近海产卵场产卵。春季,黄海南部越冬场的大部分鱼群游向吕四洋产卵场,另有一分支鱼群游向海州湾产卵场;长江口外越冬场的大部分鱼群游向长江口北部和吕四洋产卵场,一分支则以偏西方向进入岱衢洋和大戢洋等浙江北部近岸产卵场;浙江近海越冬鱼群的大部分,自 4 月开始由浙江中、南部水深 50～80 m 弧形地带的越冬场沿西北方向迁移,就近进入洞头洋、猫头洋、大目洋、岱衢洋及大戢洋等产卵场;福建近海越冬鱼群,一路于 4 月下旬至 5 月中旬经东沙岛分批进入东引渔场产卵,形成春季东引渔场大黄鱼汛;另一路于 4 月下旬至 6 月中旬经白犬、马祖等岛以东,分 3～4 批进入三都澳内湾,于 5 月中旬至 6 月中旬每逢大潮在官井洋产卵;广东近海越冬鱼群,在南海北部沿岸外侧较深水区的弧形地带经短期越冬后,自 2 月开始游向南澳、汕尾、硇洲岛附近诸浅海产卵场。

1.1.6.2 繁殖季节

大黄鱼在同一海区尚有不同生殖期的两个生殖鱼群,称为"春宗"和"秋宗"。春季大黄鱼的产卵盛期,南海为 3 月,福建、浙江为 5 月;秋季产卵盛期,在浙江北部为 9 月,南海为 11 月。岱衢族主要产卵期在春季;闽—粤东族主要产卵期,北部在春季,南部在秋季;硇洲族主要产卵期在秋季。大潮汐为排卵期。

大黄鱼的产卵,多在傍晚至午夜时分进行。发情时,亲鱼连续发出"咕-咕-咕"的声音,在激烈追逐过程中完成产卵受精行为。卵呈圆球形,浮性,透明,卵的直径为 1.2～1.5 mm。与大多数鱼类一样,大黄鱼的生殖力一般均根据鱼的体重和体长的增长而增长。同样体长的鱼,其生殖力则又随体重增加而增长。研究表明,大黄鱼的生殖力与体重的相关性比与体长的相关性密切,而与体长的相关性又比与年龄的相关性密切。在同一体长或同一年龄中,含脂量较高的鱼,其生殖力较高。这在鱼类增殖上,具有重要的意义。

1.1.6.3 性腺成熟和产卵

大黄鱼在同一个繁殖季节,可产卵 1～3 次,为短期分批产卵类型,一般分 2～3 次产完。大黄鱼由于生活地区的不同,其性腺成熟也不尽相同。浙江近海大黄鱼的性腺成熟从 2 龄开始,大量性成熟的年龄雄鱼为 3 龄,雌鱼为 3～4龄;广东硇洲近海鱼群,1 龄便有性腺成熟的个体,大量性腺成熟为 2～3 龄;福建官井洋种群,2 龄开始性腺成熟。以上各鱼群,均表现为雄鱼性成熟略早。雌鱼的怀卵量,是随着个体的年龄、体长、体重的增长而增多,一般为 10 万～110万粒。与大多数鱼类一样,大黄鱼的生殖力一般均随着体重和体长的增长而增长。同样体长的鱼,其生殖力则又随着体重而增长。

1.2 大黄鱼的人工育苗技术

1.2.1 亲鱼的选择与培育

亲鱼是人工繁殖中最重要的物质基础。由人工苗养成的亲鱼,来源充足,培育周期短,省时省力又省钱,在大黄鱼人工繁殖中收到了很好的效果。但为了避免近亲繁殖而引起的种质退化,一方面,尽量选择具生长快等各种优良经济性状的养殖大黄鱼作为亲鱼;另一方面,可向大黄鱼原良种场购进原种或原种子一代培育的亲鱼。以增加养殖群体的遗传多样性。

1.2.1.1　备用亲鱼的选择

1. 备用亲鱼的要求

这里所称的"备用亲鱼"是指拟作为催产亲鱼进行强化培育,但要视其性腺发育情况再决定是否选用的后备亲鱼。备用亲鱼应是体形匀称、体质健壮、鳞片完整、无病无伤无畸形的个体。若从养殖鱼中选择,要杜绝不分个体大小的以整个网箱的商品鱼全部作为亲鱼进行近亲繁殖的做法。最好从不同海区、不同养殖模式中选择其优秀的个体。其体重要求为 2 龄雌鱼在 800 g 以上,雄鱼在 400 g 以上;或 3 龄雌鱼在 1 200 g 以上,雄鱼在 600 g 以上。同时应了解前期饲养情况,不要选择前期停喂较长时间的养殖鱼,以免影响卵的质量;也不要只看亲鱼的体重多少、不考虑年龄大小而选"老头鱼"作亲鱼。直接用作人工催产的符合规格的海区天然亲鱼较难获得,一般要提前 1~2 年采捕 300 g 以下的个体进行保活、驯化与培育,待培育成上述规定规格时再挑选合格个体作为亲鱼。

2. 备用亲鱼的雌雄比例

由于入池前的亲鱼性腺尚未发育,在外表上雌雄的性征尚不明显。但一般来说,雌鱼的体形较宽短,吻部较圆钝;而雄鱼的体形较瘦长,吻部相对较尖锐,有的可挤出精液。选择的亲鱼雌雄性比以 2∶1 为宜。鉴于雄性亲鱼较易获得,培育周期也可短些,有时为了节省有限的室内亲鱼培育池,早期入池的备用亲鱼中,雌鱼的比例还可以偏大些。

3. 选择备用亲鱼注意事项

为避免挑选备用亲鱼时发生"应激反应",一般在挑选前数日开始,在饲料中添加鱼用多种维生素或维生素 C 进行营养强化培育;并在批量选择备用亲鱼时,先少量挑选,观察证实这批备用亲鱼的鱼体确无充血、发红等"应激反应"症状后,再继续批量挑选。若有"应激反应"症状,应立即停止挑选,并继续进行营养强化培育至没有"应激反应"症状为止;或另找其他养殖大黄鱼群体进行挑选。

1.2.1.2　亲鱼的培育

1. 海区网箱的亲鱼培育

这一亲鱼培育模式一般仅限用于大黄鱼的秋季育苗。培育亲鱼的网箱应放置在流缓海区,水流湍急的海区要搞好挡流。9月水温开始下降时即可进箱培育。放养密度约 30 kg/m^2 或 5 kg/m^3。培育亲鱼的网箱要深些,一般在 6 m 左右,并尽量避免惊动与提箱。每天早晨与傍晚各投喂 1 次。日投喂量为亲鱼体重的 4%～5%,并在饵料中适量添加维生素 E 以促进性腺发育,并提高卵的质量。目前,在大黄鱼网箱养殖的集中海区,秋季育苗所需的成熟亲鱼到时一般可直接在那些网箱中挑选,不需要专箱培育。

2. 室内水泥池的亲鱼培育

这一亲鱼培育模式可以进行增温培育,主要用于大黄鱼的早春育苗。为使出池的鱼苗能避过海区水温 20℃ 以上中间培育时受布娄克虫的危害,并延长当年鱼种的生长时间。目前的大黄鱼春季室内育苗已普遍提早在早春使用增温办法进行,以保证鱼苗在海区水温 14～18℃ 时,能顺利转到海区网箱中进行中间培育。

1) 培育池的要求

亲鱼培育池应设在安静、保温性能好、光照度较弱的育苗室内,最好为塑料薄膜搭盖的暖棚内。池大小 40～60 m^2,形状为方形或圆形均可,平均水深在 1.6～2.0 m。基本符合上述条件的育苗池,亦可作为亲鱼培育池。亲鱼培育池还要配备增温锅炉或空气能等增温设备与预热池。

2) 备用亲鱼的放养

在人工催产前的 40 d 左右(闽东地区大约在 1 月中旬前后、海区水温 10～12℃ 时),备用亲鱼就可移入室内水泥池。放养密度在 1.5～2.0 kg/m^3。根据经验,计划生产 100 万尾全长 30 mm 规格的鱼苗需要入池培育 1 000 g 左右的雌鱼约 30 尾。但同一批入池的亲鱼一般不会同时成熟,每批可选用的成熟亲鱼仅占其中的一部分。所以,为了批量育苗,入池增温培育的亲鱼应偏多些。

3) 亲鱼培育池的理化因子调控

培育池上可用遮阴布幕遮盖,光照度日常调节在 500 lx 左右。投喂时,可拉开部分遮阴布幕或开灯,使光照度调节到 1 000 lx 以上。大黄鱼的性腺发育水温要求在 15～25℃,而这时蓄水池的水温仅 10℃ 左右。为使亲鱼培育池达到 21～22℃ 的最佳水温,就要人工增温。水温调得太高散热加快,既浪费能源又造成水温不稳定。为避免水温突变而引起亲鱼的不良反应,换入亲鱼培育池的新鲜海水应在另外的预热池中预热。为促进亲鱼的性腺发育,创造有利的生态环境条件,保证池水中有充足的溶解氧,一方面可利用每天 1 次的换水机会,开大阀门,进行冲水刺激;另一方面,在池的局部放置数只气头进行连续充气,以使溶解氧保持在 5 mg/L 以上。在培育过程中,池中常有残饵与排泄物污染,若不及时清除,常常导致氨氮值升高,甚至引起水质恶化;有的还会引发刺激隐核虫病与淀粉卵甲藻病等病害。为此,要定时吸污。每天吸污 1 次,吸污时间一般安排在每天傍晚后,或安排在投喂的饵料基本已被吃光或投喂数小时后。吸污后根据水质状况,排掉部分池水,然后以冲水形式加入调温过的新水,使池水的氨氮总值控制在 0.3 mg/L 以下。培育期间尽量保持水温与盐度的稳定,避免突变。

4) 饵料与投喂

培育大黄鱼亲鱼的饵料一般有冰鲜鲐鲹、小杂鱼、贝肉或配合饲料。有条件的地方可搭配投喂一些活的沙蚕,这样,既可保证饵料鲜度与亲鱼的适时摄食,又不影响水质。为减少对池水的污染,冰冻鱼表面稍加解冻后即可切成亲鱼适口的块状,并洗净、沥干后投喂。在饵料中适量添加多种维生素,其中维生素 E 的添加量可加倍,以促进性腺成熟和提高卵的质量。亲鱼移入室内水泥池的第 2 天起,不管亲鱼是否主动摄食都要投喂,但数量尽量少些,每尾鱼平均 1 粒即可。待亲鱼能主动摄食时再逐渐增加。参考的日投饵率在 5% 左右。每天投喂的时间一般选择在早晨与傍晚。并可根据摄食情况适时调整投喂次数与数量。

5) 亲鱼培育管理中的注意事项

大黄鱼具有胆小、易惊动、鳞片易脱落等特点,稍有响声或光照突变,便会引起狂游或乱闯,甚至碰撞池壁或跳出池外。为此,在饲养管理操作方面,尤其手持操作工具时,动作要缓慢,切忌快速挥舞;亦不宜在培育池附近高声喊叫或敲击器具。

1.2.2　人工繁殖

早春移入室内水泥池的亲鱼经 30～40 d 的增温强化培育,闽东地区在 2 月中旬至 3 月初时,性腺即可陆续成熟。秋季在海区网箱培育的亲鱼,9 月下旬至 10 月上旬水温降至近 26℃时亦可陆续成熟,在投喂时可看到亲鱼的腹部明显膨大。这时即可分批选择成熟亲鱼进行人工催产。实践表明,在同池培育条件下,个体较大亲鱼的性腺一般会先发育成熟。催产日期的确定,首先要看亲鱼的性腺发育情况。还要考虑将来培育出的鱼苗是否可以安排在小潮汛期间从室内池移至海上网箱,以及根据轮虫、水泥池、水源和有关器具、药物的准备情况而定。

1.2.2.1 成熟亲鱼的选择

由于亲鱼的性腺发育进程不可避免地会存在着个体间的差异,即使是同一批亲鱼,也不能全部同时都达到可以催产的成熟程度。因此,要从培育的亲鱼中分批挑选出符合人工催产要求的成熟亲鱼。适度成熟的大黄鱼雌鱼,上下腹部均较膨大,卵巢轮廓明显,腹部朝上时,中线凹陷,若用手触摸,即有柔软与弹性感,用吸管伸入泄殖孔,吸出的卵粒易分离,大小均匀。反之,若腹部过度膨大,且无弹性,用吸管吸出的卵粒扁塌或在水中有油粒渗出,说明卵已过熟,这种亲鱼就不能用作催产。性腺发育成熟的大黄鱼雄鱼,轻压腹部有乳白色浓稠的精液流出,在水中呈线状,并能很快散开。成熟的雌性亲鱼的腹部一般比成熟雄性亲鱼膨大得多。但也有少数成熟雄性亲鱼的腹部也很膨大,常被误认为是雌性亲鱼。为此,在催产操作时一定要逐尾鉴别雌雄。

1.2.2.2 人工催产

为简化操作环节,减少亲鱼的损伤,人工催产应与成熟亲鱼的挑选同时进行,且催产操作一般在原亲鱼培育池中就池进行。其程序为:

1. 设置麻醉水箱及架设催产操作台

催产操作前先把亲鱼培育池的水位降至 40 cm 左右;用高度约 50 cm、长度与亲鱼培育池宽相同的 60 目拦鱼网框将水池分隔为两部分,并把亲鱼驱赶至排水口端部分。在排水口端部分靠近拦鱼网框位置放置约 100 L 容量的亲鱼麻醉水箱,并用木板骑在水箱上沿与拦鱼网框上沿之间作为亲鱼催产操作台。

2. 在水箱中配制麻醉溶液

按 40 ml/m³ 的浓度将 100 L 溶液所需的丁香酚原液滴在带水的左手掌心中,不断地边用带水的右手掌心摩擦乳化边伸入水中,以让其充分均匀地混入水中。

3. 亲鱼的打捞

催产开始时,安排1~2人不断地用柔软的手抄网从排水端的池中逐尾捞取亲鱼,放入水箱中进行麻醉。随着池中亲鱼数量的减少,逐渐地把拦鱼网框、水箱及其操作台向池的排水口端移动,以便于捞鱼与注射操作。

4. 亲鱼的麻醉

将以肉眼初选的雌雄亲鱼放入丁香酚溶液的水箱中,待亲鱼麻醉侧卧箱底后,将其捞至操作台上,轻摸腹部,鉴定雌雄性别及其是否适度成熟。

5. 催产注射

经检查适用于催产的亲鱼,估计其体重(开始时最好用电子秤称重验证,证实能较准确估计时再正式使用估计法);并将其侧卧在铺有湿毛巾的操作台上。注射人员用左手握住亲鱼的头部,按剂量要求注射催产剂。催产剂可用 LRH -A$_2$、LRH - A$_3$ 等激素,其剂量视水温高低及亲鱼的性腺发育情况而定,雌鱼的剂量范围为 1.0~10 μg/kg 鱼体,可采用一次注射或二次注射。使用二次注射法时,第 1 次约注射 20%,第 2 次约注射 80%;雄鱼注射剂量为雌鱼总注射量的一半,在雌鱼第 2 次注射时同时进行一次注射。注射部位一般为胸腔,即在胸鳍基部无鳞处。

6. 入池待产

注射后的亲鱼可在原池或按计划安排在其他池中等待自然产卵。其间要避免惊动待产亲鱼;因催产过程中亲鱼受刺激后会分泌黏液,使池中泡沫增多而影响水质,应予及时换水;接近产卵效应时,可适量冲水。

1.2.2.3 自然产卵与受精卵的收集

1. 产卵的效应时间

大黄鱼人工催产的效应时间与水温的高低、激素的剂量、亲鱼的成熟程度及所处的时间有关。当使用一次注射催产法时,在 26℃水温条件下,效应时间约 28 h。即亲鱼在第 1 天下午 4 点注射,第 2 天半夜前产卵;在 20℃水温条件下,效应时间约 40 h。即亲鱼在第 1 天上午 8 点注射,第 2 天半夜即可产卵。大黄鱼一般在半夜前后产卵,第 2 天早晨收卵。为尽量缩短受精卵在含有高浓度生殖废物的产卵水体中的滞留时间,力求其尽量高的孵化率,常常有意安排在下半夜产卵。那么,前 1 天的催产注射时间也要相应推迟。亲鱼在产卵前先发出"咕-咕-咕、咕-咕-咕"的连续响声,并开始追逐,约 1 h 前后,响声与追逐达到高潮,接着就开始产卵。产卵时,1对雌雄亲鱼以腹部相对侧卧于水的表层,雌鱼先行排卵,紧接着雄鱼对着卵群喷射"烟状"精液。这样,便完成了大黄鱼自然产卵的全过程。每尾亲鱼1次催产,一般可产卵2 d。第1天产卵后的雌角腹部明显萎瘪,但到第2天傍晚再次产卵之前,腹部又明显膨大。第2天产卵时间一般会比第1天提早1 h多。由于每尾亲鱼注射激素剂量大小误差的影响,其产卵效应时间也有提前与推迟的差别,催产的亲鱼批量越大,这种差别也越大。为此,1次大批量催产的大黄鱼亲鱼,有时可产卵3 h。一般第2天产卵量最多,第3天产卵量最少。大批量催产的大黄鱼亲鱼,1次催产后,经5~6 d的培育,还可以再次催产。

2. 受精卵的收集

1) 室内水泥池的网箱流水收集法

此法可结合流水刺激大黄鱼产卵的同时,使浮在水面上的受精卵从产卵池的溢水口流入设置在池外的集卵水槽的网箱中而被收集,这种收卵法操作简便,近于自然,可以边产卵边收集。但用水量大。常温批量催产时可用此法。注意事项为冲水量不宜过大,每次取卵的时间间隔不宜过长,以免受精卵膜受损。

2) 捞卵收集法

捞卵收集法不管在室内水泥池中还是海上网箱中产卵的均适用。待大黄鱼亲鱼叫声自然地完全停止一些时间(如20~30 min)后,当天的产卵便结束了。随后即可用拉网或抄网捞取。

3. 受精卵的筛选

从池中或海上网箱中收集来的卵子,置于盛有相对密度约1.02海水的水桶中,经离心沉淀,以虹吸管小心地去除桶底中央的沉卵(死卵)与污物;再把浮卵收集起来,用不同大小网眼的滤网滤去各种杂物,并经冲洗后,放入本场的孵化池中孵化或装袋外运。大批量筛选受精卵时可使用漏斗状的1~3 m³的玻璃钢水槽。方法是,把从各产卵池捞来的卵子收集在水槽的充气调温水中,然后停止充气数分钟,用80目的捞网捞出浮在水槽表面的受精卵。当受精卵基本被捞光时,再打开玻璃钢水槽漏斗状底部中央的排水管,把下沉的死卵从漏斗口排出去。从产卵池捞出的卵子总量、筛选水槽里捞出的受精卵及排出的死卵,都要收集与过称,以便计算大黄鱼卵的受精率与孵化率。从外地运来的受精卵也要再次经过上述筛选工序的筛选后，放入孵化池中进行孵化。

1.2.2.4　受精卵的人工孵化

1. 人工孵化的几种方法

1）网箱微流水孵化法

以 80 目尼龙筛网制成圆柱形的(直径 40～50 cm、高度 65～75 cm)孵化网箱，悬挂在水泥池中，以大约 50 万粒/m³ 密度，进行微充气、微流水人工孵化。待大黄鱼胚胎发育至肌肉效应期时，即仔鱼将要孵出前，再移入育苗池中孵化与育苗。该法适用于小批量或实验性人工育苗。

2）水泥池静水孵化法

把受精卵以 2 万～8 万粒/m³ 的密度直接放入 30～60 m³ 水体的水泥池中孵化。每 1.5～2.0 m² 面积的池底布设 1 个散气石，连续微充气。孵化后的仔鱼就在原池进行培育。此法操作简便，可减少初孵仔鱼在转移时造成的损伤，适用于规模化人工育苗。

3）水泥池微流水孵化法

受精卵以 20 万～30 万粒/m³ 密度放入 20～40 m³ 水体的水泥池中，除了注意吸污换水和微充气外，还要进行微流水，待孵化后再移池分稀培育。

2. 人工孵化的管理与操作

人工孵化的适宜水温在 18～25℃，适宜盐度在 23.0～30.0。孵化过程中要避免环境突变与阳光直接照射，并定时停气，吸去沉底的死卵与污物。尤其是即将孵化时要进行彻底的吸污与换水。若忽略这一环节，将会造成死卵块与孵出的仔鱼混在一起悬浮在池水中，多日都难以彻底吸除，将长时间影响之后的育苗水质。孵化过程要经常检查受精卵的孵化情况，观察胚胎发育状况，发现问题及时处理，并做好记录。

1.2.3　人工育苗

大黄鱼等海水鱼的人工育苗就是人工培育仔稚鱼的过程。目前，在大黄鱼主产区的闽东地区，每年可培育全长 30 mm 以上的鱼苗 10 多亿尾，均采用室内水泥池的集约化高密度育苗模式。

1.2.3.1　室内水泥池育苗

室内水泥池育苗的环境条件可人为调控，既可以采用增温的办法提前培育早春苗,也可以采用降温的办法在自然海区水温26℃以上时提前培育早秋苗。

1. 理化环境条件要求

室内育苗用的海水需经24 h以上黑暗沉淀与沙滤等净化处理,最后还要在各池的进水管口套以250目的筛网袋过滤入池。育苗的适宜水温在20～28℃,盐度在20～32,并避免突变。室内的光照可根据天气变化进行调节,使光照度调控在1 000～2 000 lx,避免光照度骤变与阳光直射。培育过程要连续充气,充气的气泡要均细,并尽量使池水无死角区。其适宜的充气量为:10日龄前0.1～0.5 L/min,之后为2～10 L/min,使池水溶氧量保持在5 ml/L以上。pH在8.0以上,氨氮值在0.3 mg/L以下。

2. 培育密度

由于大黄鱼为典型的集群性鱼类,培育仔稚鱼的放养密度也是海水鱼类中较高的一种,但也要根据其设施设备、工艺及技术水平等条件来设定合适的放养密度。目前,按照大黄鱼主产区闽东地区的育苗条件,适宜的放养密度约为:仔鱼期2万～5万尾/m³;全长20 mm的稚鱼1.0万～1.2万尾/m³;全长30 mm的稚鱼0.7万～0.8万尾/m³。

3. 日常管理与操作

1) 池底清污

每天用虹吸管或吸污器吸去池底的残饵、死苗、粪渣及其他杂物。每隔3～5 d,还要用吸污器彻底刮除池壁上的黏液与附着物。每次吸污时,吸污器的排污管末端应接在过滤网袋内,以收集吸出的仔稚鱼活体、尸体,检查仔稚鱼死亡与残饵情况;或回收生物饵料。大水体高密度育苗时,要分区轮流停止充气吸污;低密度育苗时,仔鱼开口前的2 d内可不吸污。

2) 换水与流水培育

在小水体高密度培育仔稚鱼时需微流水。大水体、低密度培育时,一般为静水培育。结合吸污,每天换水1次。10日龄前,每次换水量为20%～30%;10日龄后,若仔稚鱼密度大、水质差,可考虑间断性流水培育。一般情况下稚鱼期的前期换水量为50%～60%,稚鱼期的后期为100%以上。

3) 添加小球藻液

在仔鱼与早期稚鱼培育期,每天定时添加小球藻液,使池水保持约20万个/ml的小球藻浓度,呈微绿色。但要注意,刚施过肥的小球藻液不宜添加,最好是添加已施肥多日并经阳光照射、颜色刚转为浓绿色的藻液。添加小球藻液可在仔鱼培育池中营造一个和谐的生态系统：① 降低透明度，为仔稚鱼提供一个"安全"的水环境；② 小球藻可吸收池水中氮等有害物质，并产生氧以增加其溶氧量；③ 小球藻可作为培育池中残留轮虫与桡足类的饵料。保持其富含高度不饱和脂肪酸的营养价值。

4）常规监测

每天进行仔稚鱼的形态变化及其生态习性的观察，镜检胃肠饱满度与胃含物，观察仔稚鱼摄食情况，检查池中的饵料密度变化情况，统计死苗数，监测水温、密度、酸碱度、溶氧量、氨氮、光照度等理化因子变化情况，发现问题及时处理。

4. 饵料系列与投喂

根据仔、稚鱼不同发育阶段对营养与饵料适口性的不同要求，采用不同饵料种类，形成人工育苗的饵料系列，现把大黄鱼的育苗饵料系列的饵料种类及其投喂要点简述如下：

1）褶皱臂尾轮虫（*Brachionus plicatilis*）

褶皱臂尾轮虫为大黄鱼仔鱼的开口饵料，其个体大小在 100～300 μm。从理论上而言，育苗各阶段水体中保持如下的轮虫密度是可行的：2～5 日龄时 5～10 个/ml，5～10 日龄时 10～15 个/ml；10～15 日龄时 15～20 个/ml。但鉴于刚开口的早期仔鱼的运动器官尚不完善，主动觅食能力差，常有随机摄食现象。为此，笔者的培育实践表明，早期仔鱼的轮虫投喂密度反而要比后期仔鱼偏大些。轮虫在投喂前，需经 6 h 以上 2 000 万个/ml 浓度小球藻液的二次强化培养，以增加其高度不饱和脂肪酸（主要为二十碳五烯酸和二十二碳六烯酸）的含量，以满足仔稚鱼生长发育对必需脂肪酸的需求。一般上午、下午各投喂轮虫 1 次，每次投喂前要先用吸管检测育苗水体中残留轮虫的密度，然后据此计算每口育苗池的轮虫投喂量。

2）卤虫（*Artemia parthenogenetica*）无节幼体

卤虫无节幼体个体大小在 400～600 μm，是大黄鱼仔鱼继轮虫之后与桡足类之前的适口活饵料，但在桡足类及其无节幼体丰富的南方地区，目前在大黄鱼人工育苗中仅作为过渡性饵料而短时间少量搭配使用。卤虫无节幼体在投喂前要经乳化鱼油的营养强化，以增加其高度不饱和脂肪酸含量。大黄鱼仔稚鱼若多日饱食未经营养强化的卤虫无节幼体,将会发生营养缺乏症——"异常胀鳃症"而引起批量死亡。卤虫无节幼体在育苗水体中阶段性保持的密度为:6~8日龄0.5~1.0个/ml,8~12日龄1.5~2.0个/ml。

3) 桡足类(copepod)及其无节幼体

桡足类及其无节幼体可利用潮流在海淡水交汇的海区挂无翼张网捕捞;亦可在肥沃的海水池塘中培养后捞取不同来源的桡足类经去除杂质后,按仔稚鱼的口径大小先后以60~20目的筛网筛选出适口个体进行投喂。一般在10~12日龄时开始投喂小个体的桡足类及其幼体,其在育苗水体中的密度保持在0.2~1个/ml。投喂也要坚持少量、多次和均匀泼洒的原则。如果是使用暂养的桡足类,每次都要从暂养池的底部捞取,以保证刚死亡的新鲜桡足类及时投喂。若隔太长时间,尤其高温季节,死亡沉底的桡足类可能已经变质,若投进苗池,可能会引起鱼苗的批量死亡,或引起育苗池的水质恶化。在这种情况下,应从暂养池的底部以上捞取活的桡足类供投喂鱼苗之用。

4) 鱼、虾、贝肉糜

选用的鱼、虾、贝肉经切碎,按稚、幼鱼口径大小,以60~20目的筛网筛选出不同大小的颗粒,添加适量的多种维生素、鱼油等并吸收片刻后进行投喂。投喂量视摄食及其他饵料来源情况进行调整。一般每天的投喂量:20~30日龄的为50~80 g/万尾;30~45日龄的为100~120 g/万尾。40日龄以上可在上述饵料中拌入适量粉状配合饲料。由于该饵料制作工序繁琐,投喂费时,投喂量不易掌握,容易引起水质恶化,目前在一般情况下不再采用该工序。而以桡足类或微颗粒人工配合饲料代替。

5) 微颗粒人工配合饲料

微颗粒人工配合饲料营养较全面,可购买现成的商品饲料,保存、投喂均较方便。还可以在桡足类因天气原因而供应不足时,解决鱼苗的"断炊"问题;亦可为鱼苗下一步移到网箱进行中间培育时主投配合饲料打下基础。但要经过几天的驯化才能正常摄食,即海天早晨首先投喂微颗粒饲料,然后再投喂其他饵料。投喂方法是少量、多次、慢投,微颗粒饲料要投喂在鱼苗密集的静水区,让其在水面漂浮片刻后陆续缓慢下沉,以被鱼苗适时摄食。

1.2.3.2 土池人工育苗

土池人工育苗是我国淡水"四大家鱼"传统的生态式育苗方法。在大黄鱼人工育苗中,亦可采用。同室内水泥池育苗相比,其优点是可在育苗水体中直接培养饵料生物,饵料种类与个体大小多样,营养全面,能满足仔、稚、幼鱼不同个体与不同发育阶段对不同饵料的营养需求。仔稚鱼摄食均衡,生长快速,个体相对整齐,减少了同类相残;且节省了供水、饵料培养等附属设施与人力。操作简单,便于管理,有利于批量培育。但土池人工育苗难以人为调控理化因子,成活率高低差别悬殊,鱼苗生产不稳定;无法提早育苗,只能根据自然水温条件适时进行。

1. 土池条件要求

土池应建在交通、通讯便捷,电力、淡水供应充足,可开闸利用潮汐而方便进排水的地方。水质应符合 NY5052《无公害食品 海水养殖用水水质》标准。土池周围无大树和高楼阻挡,地形在春季应避风向阳,池的走向应与育苗季节的当地风向垂直;育苗土池以 0.3～0.5 hm² 大小、平均水深 1.5 m 以上、形状以长短比为(4:1)～(5:1)为宜。堤岸完整,最好为石砌。堤壁光洁,无洞穴,不漏水。池的底质以泥沙为好,池底平坦,并略向排水口方向倾斜;池底中央最好挖 1 条宽 2～3 m、深 50～60 cm 的环沟。应配备管理房和增氧、饵料加工、提水、发电机组等设施设备。

2. 清池和基础饵料的培养

育苗前要对土池进行彻底的清池和消毒。先排干积水。挖去过多的淤泥。约用生石灰 1 200 kg/hm²(沿海地区用牡蛎壳烧成的生石灰应加量)或另加 30 kg/hm² 漂白粉当场化水趁热全池泼洒并充分搅拌。经 7～10 d 待消毒药物毒性降解后,以 80 目筛网过滤少量进水、刚浸没大部池底,施入过磷酸钙 300 kg/hm²＋腐熟畜粪肥 1 500 kg/hm² 的混合肥,或单独施入 450 kg/hm² 的腐熟鸡粪,或搭配部分经煮熟、绞烂的小杂鱼与黄豆浆,并与底泥、池水充分搅拌,平整后平均蓄水 50 cm。晴好天气,经 7 d 左右,池水即呈褐绿色。有条件的可接入部分轮虫,并追施 30 kg/hm² 的尿素。数日后轮虫、桡足类及其幼体等饵料生物大量繁殖,夜间检查轮虫的密度达 8～10 个/ml 时,即可准备投放大黄鱼仔鱼。

3. 仔鱼的放养

在放养仔鱼前,土池添加部分经 80 目筛网过滤的海水,使育苗土池的水深蓄至 1 m。室内培育仔鱼的水泥池温盐等理化因子要调近土池。经网箱以少量仔鱼进行试水后,选择晴好无风天气,把5~7日龄仔鱼放入土池中。放养密度150万~300万尾/hm²。

4. 饲养与管理

(1)培育期间,每天早、中、晚进行巡池,观察仔稚鱼摄食、活动与生长情况。

(2)观测培育池的水温、密度、透明度,检测酸碱度、溶解氧、氨氮等。掌握水质变化情况,以便及时发现问题,及时采取相应措施。

(3)为保持水质清新,定期添加以80目筛网过滤的海水,使之逐渐达到并保持1.5 m的深度。春季水温较低时换水量要小些,以保持土池中水质稳定、有利于饵料生物繁殖与仔鱼生长;初夏水温较高时换水量要大些,以防浮游生物大量繁殖造成仔稚鱼缺氧浮头。

(4)还要预防敌害生物入池和仔稚鱼外逃。

(5)经常检查池中的饵料生物密度,也可结合投喂部分粉状配合饲料,后期可适量搭配投喂贝、鱼肉糜。约经30 d的培育,稚鱼达到30 mm以上时,可捕苗出池。

(6)若继续培育,可逐渐转为投喂破碎硬颗粒饲料或微颗粒饲料,并加大换水量。

(7)"出苗"前2 d,每天要大量换水,并选择晴天、无风天气的上午拉网集苗锻炼1次。

(8)"出苗"前1 d停止投饵。

1.3 大黄鱼的人工养殖

1.3.1 网箱养殖

目前,网箱养殖不但占养殖大黄鱼总产量的95%以上;而且其他养殖模式所需要的大规格鱼苗、鱼种都要靠网箱养殖模式来培育。

1.3.1.1 苗种的网箱培育

根据网箱区的不同条件投放不同规格的鱼苗。目前养殖户购买的大黄鱼苗一般是经过海区网箱培育的全长约30 mm。潮流湍急的网箱区,宜购买30 mm以上规格较大的鱼苗;若箱内流缓,离育苗场较近且交通方便的,可购买廉价的全长20 mm的小规格鱼苗,以降低苗种成本。为增强鱼苗对运输、操作与潮流的适应能力,以便于养殖户的购买与养殖。从室内移出的全长 20 mm 左右的鱼苗,要在海上网箱中培育成 30 mm 以上的大规格苗种。该过程称为鱼苗的"中间培育",亦称鱼苗的"暂养"或"标粗"。

1. 鱼苗的放养

1) 放养时间的安排

放养鱼苗要尽量选择在小潮汛期间及当天的平潮流缓时刻。低温季节宜选择在晴好天气且无风的午后;高温季节宜选择天气阴凉的早晨与傍晚进行。

2) 放养操作

放养时由 1 人指挥,从船上打苗、提苗、倒入计划的网箱中、记录等要令人分工负责、相互配合、流水作业。每桶装多少苗、每个网箱放几桶苗、哪口网箱放哪种苗,都要做到心中有数、准确掌握、及时记录。要轻手地从运苗船舱打苗,快速地提到预定的暂养网箱,再缓慢地以装苗桶边触水倒入网箱内,切忌用力地从高处倒下。

3) 放养密度

网箱的鱼苗放养密度同水温高低与鱼苗大小规格密切相关。在水温 15℃ 情况下,一般全长 20 mm 的鱼苗放养密度约 2 000 尾/m³;30 mm 的鱼苗约 1 500 尾/m³。若水温 25℃,放养密度需降低 20%～30%。同一口网箱放养的鱼苗规格力求整齐,以免互相残食。为了防止病原体的带入,利用装桶提苗的时间间隙,在提桶内以消毒剂的淡水溶液进行消毒。

2. 苗种的饲养与管理

1) 苗种的饲养

(1) 饲料种类:刚入箱的鱼苗,即可投喂自行现场加工的鱼贝肉糜、湿颗粒饲料或商品的人工配合微颗粒饲料,以及冰鲜桡足类、糠虾与磷虾等。25 g 以上的鱼种可直接投喂切碎的鱼肉块。若网箱区的桡足类、糠虾等天然饵料较多,晚上可在网箱上吊灯诱集。为促进苗种的生长与防病,可在人工饲料中定期添加适量的鱼用多种维生素。

(2) 投饵率:30 mm 以内的鱼苗,在 15℃ 以上时,换算成冰鲜或湿颗粒饲料的日投饵率达 80%～100%,随着鱼苗的长大,逐渐降低投饵率。全长约 160 mm 规格的鱼种,在 12 月底(水温 15℃ 左右)的日投饵率在 4% 左右。

(3) 投饵的时间间隔:培育大黄鱼苗种要坚持少量多次、缓慢投喂的方法。

全长 30 mm 以内规格的鱼苗,刚入箱时每天投喂 6～8 次;以后逐渐减少次数,一般每天 2 次;11 月至越冬前的 12 月底(水温 15～20℃),一般每天 1 次。鱼苗在早晨及傍晚这两个时段摄食较好,投喂的时间间隔可适当缩短;中午阳光强烈时苗种一般不上浮摄食,可适当拉长投喂的时间间隔。

(4)投喂方法及注意事项:每次投喂前可先在箱内划水。使苗种养成集群上浮摄食的条件反射。接着先在集群处快投,待大批苗种集群索食时,再扩大投喂面积,让尽量多的苗种都能吃到饵料;当多数苗种吃饱散开或下沉时,还要在周围继续少量投喂,让弱小的苗种也能吃到饵料。这样才能培育出规格整齐、成活率高的苗种。每次投喂时,都要在 1 口网箱中投足饵料后再到另 1 口网箱中投喂,这样才会让所有苗种都吃到饵料。切忌断断续续每个网箱每次投 1 把的做法。这样每次所投饵料都是被少数个体大的苗种抢食,吃不到饵料的个体就越来越瘦小,甚至衰弱死亡。这样培育的苗种规格大小不齐,成活率也低。有时因气候因素苗种仅在中层摄食,这时可根据往日的摄食情况,坚持照常投喂。在苗种不上浮摄食时,亦可根据摄食时发出的"咕-咕"响声来掌握投喂量。一次性投喂团状浮性饲料的,视水温高低,应在投喂 1～2 h 后把残饵捞起,以免污染水质,或变质饲料被鱼摄食而致病。在高温季节加工冰冻和冰鲜饵料时,宜去除碎冰后即趁低温加工,杜绝在阳光下曝晒或用海水浸泡至 30℃以上的常温时才加工,以免饵料在加工与投喂过程中变质。人工配合硬颗粒饲料宜用水喷洒软化后再投喂。网箱内水流湍急时不宜投喂。

2)网箱的日常管理

(1)网箱的换洗:鱼苗培育阶段,由于网箱的网眼小,易附生附着生物和淤泥而造成网眼堵塞。尤其是每逢高温季节、小潮汛期间与高低平潮无流时,常常造成箱内鱼苗缺氧死亡。为此,要经常检查网眼的堵塞情况,及时换洗网箱。高温季节 3 mm 网目的网箱一般间隔 3～5 d,5 mm 网目 8～10 d,10 mm 网目网箱视水温情况,间隔 20～30 d 进行换洗。在苗种活力不好或饱食后、箱内潮流湍急等情况下,均不宜换箱操作。

(2)日常管理:要经常观察网箱在流急时倾斜情况与苗种动态,检查网箱绳子有无拉断,沉子有无移位。若无特殊原因,发现苗种不上浮集群摄食,又听不到叫声,应考虑网箱是否破损逃鱼或发病,并及时采取措施。及时捞除网箱内外的垃圾等漂浮物。

（3）理化环境与苗种动态的观测：每天定时观测水温、密度、透明度与水流,观察苗种的集群、摄食、病害与死亡情况,并详细记录。

3）鱼种的越冬管理

4月初入箱的全长 25 mm 左右的鱼苗,经过 9 个月的培育,到当年 12 月底可培育成平均体长 130~160 mm、体重 50~100 g 的鱼种;部分大的可达体长 250 mm、体重 250 g 以上。随着水温的下降,大黄鱼的摄食也逐渐减少,尤其是到翌年 1 月水温下降到 13℃以下时,摄食明显减少。大约到 3 月下旬至 4 月上旬,水温才回升到 13℃以上,计需 3 个月的越冬时间。搞好越冬培育,才能为来年的大黄鱼养殖提供健壮的鱼种。

（1）越冬前的管理操作：

a. 为准确掌握各网箱中鱼种的规格、数量与状态,为越冬及越冬后的鱼种放养、销售做准备。越冬前应对所有网箱中的鱼种进行全面清点与选别,并按不同规格与相应的密度进行拼箱或分箱。

b. 越冬期间大黄鱼摄食量小,又要提供体能消耗,为此在越冬前要提高饲料质量,强化饲养,保证鱼种的体质健壮,体内积蓄足量的脂肪,以安全越冬。

c. 鱼种在越冬期间不宜搬动,也不便于治疗鱼病。为此在海区水温降至 15~16℃的越冬之前,要提早做好网箱的安全防患与防病工作。越冬前要认真检查网箱的固定、挡流及网具,若发现移动、断裂或破损,应及时修复,消除越冬过程中的隐患。同时,根据拼箱、分箱过程中发现鱼种的病、伤情况,即使不很严重,也要提早通过口服与浸浴的给药方法予以治疗。使鱼种在进入越冬之前处于健康的状态。

（2）越冬中的饲养管理：

a. 大黄鱼鱼种在越冬期间虽摄食量大减,但仍可少量摄食,因此要坚持每天投喂 1 次,阴雨天气也要隔天 1 次。每天投饵率在 1％左右,投喂时间宜选在当天水温较高的午后至傍晚前。越冬期间鱼种一般仅在中层缓慢摄食,应根据鱼种的"咕-咕"叫声而慢慢投喂。饲料应保证新鲜。为减少饲料散失,以投喂浮性的鱼肉糜或颗粒饲料为宜。

b. 越冬期间一般不换网箱,但要每天定时观测水温、水流,检查网箱状况。发现病害尽量以药物口服法与吊挂缓释剂予以治疗。还可定期投喂适量的营养增强剂。若一定要进行药浴处理,也应选择在晴暖天气的午后进行。

（3）越冬后期管理：约经过 3 个月的越冬,部分鱼种体质有所下降。若不精心管理,到后期易发生暴发性死亡。为此,越冬后期仍要加强管理。随着水温的回升,鱼种摄食强度明显增大,但投喂量应缓慢地逐日增加,让越冬鱼种的消化功能有一个逐步恢复的过程,避免突然增大投喂量而引发病害。这一阶段仍要尽量避免移箱操作。

1.3.1.2 商品鱼的网箱养殖

1. 养殖网箱的选择

大黄鱼商品鱼养殖网箱的规格与网目大小随着鱼的长大而改变。目前,商品鱼养殖网箱的深度一般在 5.0～6.0 m(指箱内实际水深,下同),较深的达 7.0～8.0 m,个别达 10.0 m 以上;网眼大小在 20～40 mm。为避免鱼体擦伤,网衣材料应选择质地较软的无结节网片为好。为给养殖的大黄鱼提供较大活动空间及形成较大的群体,以促进鱼的摄食与改善体形、肉质,经常采用多个网箱框位挂养一口大的网箱(即多"通框")的办法。

2. 鱼种的放养

1) 放养季节

鱼种宜选择在 4 月中旬至 5 月上旬放养。因为上一年的商品鱼一般在春节前后都已出箱上市,网箱也已收起、洗净、修补完好。网箱框位也已空出,便于安排来年的养殖计划。这时水温在 15～20℃,十分适宜于大黄鱼鱼种的规格选别操作与运输。

2) 鱼种的选择

应选择体形匀称、体质健壮、体表鳞片完整、无病无伤的鱼种。尤其要认真检查是否携带病原体,若有发现应就地灭杀消毒后才能投放。搬运前若检测发现有"应激反应"症状,应强化培育、症状消除后才能外运投放。同一网箱中放养的鱼种规格,应整齐一致。计划当年达到 400 g 以上商品规格的,放养的鱼种规格要在 100 g 以上。

3) 鱼种的放养

（1）具体放养时间：位于潮流湍急海区的网箱,应选择在小潮汛期间放养。晴热天气时应选择在较凉爽的早晨与傍晚后投放;早春低温天气时,应选择在较暖和的午后投放。

（2）鱼种的放养密度：可根据收获时的商品鱼规格与单位面积(参考水体)

产量、养殖成活率等生产计划来设定。其公式为

$$A = \frac{B}{C \cdot D}$$

式中,A 为放养密度(尾/m^2);B 为收获时的计划产量(kg/m^2);C 为收获时鱼的计划规格(kg/尾);D 为预计的养殖成活率(%)。

如计划收获的商品鱼单产为 100 kg/m^2,规格为 400 g/尾,预计的养殖成活率为 90%。那么,春季的单位面积网箱的鱼种放养密度应为 278 尾/m^2。

(3)鱼种的消毒:鱼种运达网箱区后,可结合捞鱼装桶与倒进网箱的时间间隙,用安全的抗生素的淡水溶液对鱼种进行浸浴消毒。

(4)注意事项:若使用封闭性水体运送鱼种,在移入网箱时,要避免密度与水温等条件的突变。可以在运送水体中先加入部分网箱区海水的办法进行短暂的水质过渡处理。

3. 网箱养殖大黄鱼的饲料与投喂

1)饲料的种类与加工

大黄鱼商品鱼养殖阶段的饲料一般以冰冻鲐鲹为主,可用刀或切肉机把饵料鱼切成适口的鱼肉块。该方法加工方便,在水中不易溃散,缺点是不便于添加添加剂,营养较单一。一般把日本鳗、七星鱼等水分含量较高的冰鲜小杂鱼用绞肉机经两次搅拌,绞成黏性强的浮性团状饲料。该方法可以混入部分粉状配合饲料,或其他鱼、贝肉等饵料,也便于添加维生素等添加剂,营养较全面,但容易溃散流失。鲐鲹等冰冻鱼在解冻过程中容易氧化,颜色变深,肉质松软,质量明显下降。为此,在加工前,宜以机械办法,把冻片敲散,然后用海水稍微冲洗,达到表面解冻即可,经沥干加工成鱼糜。该鱼糜温度较低、颜色较浅、鲜度较好,直到投喂完毕也不会变质。

目前尚无实用的大黄鱼全价人工配合颗粒饲料,只有在高温的鱼病多发季节,出于防病需要,阶段性使用部分人工配合颗粒饲料,全年的人工配合颗粒饲料投喂量仅占大黄鱼饲料总用量的 10%。

2)投喂技术

晚春初夏与秋季水温在 20~25℃,是大黄鱼生长的较佳季节,一般每天早上与傍晚各投喂 1 次;水温 10~15℃时每天 1 次;阴雨天气时,可隔天 1 次。当

天的投喂量主要根据前 1 天的摄食情况,以及当天的天气、水色、潮流变化,养殖鱼有无移箱操作等情况来决定。湿性饲料日投饵率在高温季节(水温 29℃ 以上)约 5%,高的达 6%～8%。经实践,大黄鱼商品鱼养殖阶段,经加工的冰鲜饲料的饲料系数略高于 5,而未经加工的小杂鱼虾饵料系数高的可达 8～10。大黄鱼商品鱼养殖阶段的投喂方法同鱼种阶段。在投喂前及投喂中,尽量避免人员的来回走动。否则,将明显影响大黄鱼的摄食。

4. 网箱养殖的管理操作

大黄鱼商品鱼网箱养殖的管理操作,基本上同鱼种培育阶段。但应强调的是,该阶段生长最快的是在高温期间,这时也是网箱上最容易附生附着生物及养殖病害高发的季节。要适时换洗网箱,一般每隔 30～50 d 换洗 1 次。换网时,首先把要换下来的旧网衣的一半的边从网箱框架上解下来,拉向另一边,然后以新网衣取代旧网衣原有位置,再把旧网衣上的鱼移入新网衣中,固定新网绳。移鱼的方法是将旧网衣拉起来,使鱼自由游入新网衣中;接着把旧网衣的最后一边解下来,将新网衣完全固定好。换网时要防止鱼卷入网衣角内造成擦伤和死亡。为保持商品鱼天然的金黄体色,在养殖后期,网箱上最好加盖遮阴布幕。在水流不畅、水质肥沃的连片网箱养殖区中央部分,要坚持每天早、午、晚 3 次检查鱼的动态。尤其是在闷热天气、小潮汛的平潮无流及夜间和凌晨,都要特别注意巡视,适时开动充气增氧设备,谨防缺氧死鱼。

1.3.2　池塘养殖

池塘环境比海区网箱更接近于大黄鱼原来栖息的生态环境。为此,池塘养殖的大黄鱼具有生长快、体形修长、体色金黄、肉质嫩、饲料系数低等优点。但若池塘换水条件差,水深不足 2 m;或池塘的清淤、消毒不彻底;或养殖时间稍长,均易发生病害,且不易控制。20 世纪 90 年代后期,浙江省的大黄鱼池塘养殖面积曾达到 600～700 hm²,产量 2 000 余吨。但由于上述原因,后来大部分池塘都退出了大黄鱼养殖。目前仍有个别新的池塘正在养殖大黄鱼,并获得很好的效果。为此,池塘适合于商品鱼养殖,且更适合于投放大规格鱼种进行短周期养殖。

1.3.2.1　养殖池塘的条件

大黄鱼商品鱼养殖对池塘的要求,可参照"池塘育苗"章节,但还有其具体的不同要求。

1. 对养殖池塘的要求

养殖大黄鱼的池塘,要求池堤坚固无洞穴、无漏洞;池底平坦,以沙或沙泥质为好;保水性好,平均水深在 3 m 以上;换水条件好,每潮汛的 15 d 里,要求有 12 d 以上可在涨潮时开闸引潮水进池,或可抽水进池。池塘走向应与当地夏季季风方向平行。为便于排水捕鱼,池塘应以 1‰ 左右的坡度向排水口方向倾斜。池塘大小均可,但面积以 3～5 hm² 较好。太小了相对成本较高,太大了也不易管理。为预防池塘渗漏而引起水位下降,或小潮汛期间无法换水而引起水质恶化,要配备相应功率的抽水设备。养殖池最好选择在有淡水源的地方,以便调节水质。为防止大黄鱼受惊时跳上池滩搁浅死亡,或进、排水时的逃鱼现象发生,在池的浅滩及进、排水闸门口均应用 20～40 目筛网围栏。

2. 要进行彻底清塘与严格消毒

在放养鱼种前要对池堤进行全面清理,刨除杂草、堵塞漏洞、修整池壁。对池底要进行彻底的清塘与严格的消毒,尤其是上一季养殖过海水鱼的池塘。先排干池水,挖去有机沉积物和淤泥,并曝晒 10 d 以上。后少量进水,约用生石灰 1 500 kg/hm²,另加漂白粉 60 kg/hm²,先后分别化水全池泼洒并充分搅拌。再经过 7～10 d 的曝晒,待消毒药物的毒性降解后,先进水 2 m 左右。经调节水质后即可投放鱼种。之后可根据实际情况继续加高水位。

3. 池塘水质的调节

养殖商品鱼的池塘一般不需施基肥。养殖过鱼虾的池塘,经过生石灰的氧化分解作用,会释放出肥分,待毒性降解与阳光照射后,水中的浮游植物会吸收繁殖,使池水呈黄绿色,透明度降到 80～100 cm 即可。随着将来养殖鱼的残饵与排泄物的积累,透明度还会降低。这种水色有利于保持池水稳定。若透明度太大,可施用 30～50 kg/hm² 的尿素,经 3～5 d 透明度下降后即可投放鱼种。

1.3.2.2 鱼种的放养

1. 鱼种的规格

为避免养殖周期过长、导致池底沉积物过多而引发病害,投放的鱼种应以 100 g 以上的大规格为好,且力求整齐,以便当年全部达到商品规格。

2. 放养密度

大黄鱼商品鱼池塘养殖的鱼种放养密度与鱼种的规格、池塘的深浅及换水条件有关。换水条件好的、深 3 m 左右的池塘,每公顷约可放养 100 g 左右的鱼种 7 500 尾;或 50 g 左右的鱼种 12 000 尾。有设置增氧机增氧条件的池塘,放养密度可加倍。密度太大,会影响生长;密度太小,会影响鱼的摄食。为清理、利用下沉池底的残饵与带动大黄鱼抢食,增加养殖效益,可混养少量底层鱼、虾、蟹类等。

3. 把好放养鱼种的消毒关

大黄鱼在池塘中发病时,施药量大、成本高,把好鱼种放养时的消毒关特别重要。其消毒法同“网箱养殖”。

1.3.2.3 池塘商品鱼养殖的饲料与投喂

大黄鱼商品鱼池塘养殖的饲养管理基本同网箱养殖,不同之处简述如下:

1. 饲料种类

为防止饲料的溃散而影响池塘的水质与底质,用作饵料的冷冻鱼在解冻、洗净、沥干后,以切成碎肉块投喂为好。若绞成肉糜,最好是添加一定比例的粉状配合饲料调成黏性强、含水分较少的团状饲料再投喂。不要投喂变质的小杂鱼虾。最好投喂营养全面的人工配合颗粒饲料。使用的饲料要符合 NY5072《无公害食品 鱼用配合饲料安全限量》农业行业标准。

2. 投喂技术

商品鱼池塘养殖期间一般每天在早晚各投喂 1 次,高温期间逢小潮汛换水困难时可投喂 1 次。若水质不好又无法进水时,也可以暂停投喂 1~2 d。其投喂量相应比网箱的要偏少些。应设置固定的投喂点,且最好固定在靠近排水口的地方,以便把残饵排出池外。投喂的速度要慢一些,时间要长一些。若未见鱼群上浮抢食,或听不到水中摄食时发出的叫声,就不宜继续投喂。为提高饲料效率,已配备增氧机的,投喂前后各开机 1 h 以上。

1.3.2.4 池塘养殖的日常管理

1. 换水

每天都要换水,水质好时,每天 1 次;否则 2 次。高温季节,最好在下半夜换水,这样换进的新水水温较低。换水量依水质情况而定。大暴雨后池塘表层的密度下降明显,换水时,应先把表层淡水排出,待海区潮位较高时再进水。为改善水质与防病,每隔 10 d 左右泼洒生石灰水 1 次,浓度为水深 1 m 的池塘施用 150~225 kg/hm^2。每次泼洒生石灰水前应先换水。在水质不好且无法换水时不宜泼洒,以免增加氨的浓度而毒害养殖鱼。

2. 巡塘

要坚持每天的早、中、晚巡塘,尤其是在高温季节又逢小潮汛换水困难时,要特别注意做好晚上与凌晨前后的巡塘工作。认真观察鱼的活动情况,发现问题要及时处理。若发现鱼已浮头而不下沉的,要及时进水(或抽水)增氧,或开动增氧机。若发现病鱼、死鱼,或无特殊原因而摄食量明显下降时,要及时检查,并采取相应措施。

3. 观测与记录

每天要定时观测水温、密度、透明度、水位变化,观察鱼的集群摄食、病害情况,并详细记录。在水质变差或发现鱼的异常情况时,还要监测池水的氨氮、酸碱度、硫化物和溶解氧等。

1.3.3　其他养殖模式

大黄鱼除了上述的框架式浮动网箱、池塘等养殖模式外,还有港湾网栏、抗风浪深水网箱与室内封闭式等养殖模式。其中的港湾网栏养殖模式,由于适于直接围栏的港湾本来就不多,且现多被开发为他用而已很少见到。至于抗风浪深水网箱与室内封闭式等养殖模式,虽有开发前景,但目前仍在探索之中,离规模化养殖还有较长的路要走。

1.4　大黄鱼的病害防治

目前大黄鱼养殖主要病害有弧菌病、烂鳃病、腐皮病、肠炎病、烂尾烂嘴病、肝肿大坏死病、白点病、淀粉卵涡鞭毛病、贝尼登虫病、海盘虫病、开鳃病、车轮虫病、营养缺乏症、药物中毒症和生物敌害等病害,其病原、症状、流行情况及防治方法等如下。

1.4.1　细菌性疾病

1.4.1.1　弧菌病

病原　弧菌,主要为鳗弧菌、副溶血弧菌。

症状　体表溃疡为其典型特征。随着环境条件、感染途径的不同而不同,并常有其他并发症。感染初期,病鱼食欲减退,离群独游,平衡失调,腹部朝天、打转。体皮有瘀斑、褪色,多见于腹部及尾柄区,严重时下颌出血溃疡,腹部膨大,肛门红肿,鳍条缺损,尾柄肌肉腐烂,肝、脾、肾、肠均充血,肝肿大呈土黄色,肠道内有淡黄色黏液,镜检病灶处组织,可见微弯曲的细菌。

流行情况 弧菌病,是大黄鱼最常见、多发的细菌病,3~10月均可发生,但以夏季高温期为盛。感染迅速,死亡率高。在低温期,弧菌病症状为烂鳃(白色)、体表及鳍糜烂、溃疡、出血;眼角膜白浊,眼球出血。多发于晚秋至冬季。

预防措施 弧菌,为条件致病菌,在海水和鱼的体内大量存在,只有在应激的条件下,才成为鱼类的致病菌。预防的方法,主要是避免鱼类的应激反应。每个网箱,用"富氯I型"1片挂袋,以杀灭水中病菌,2周1次。平时,可在饲料中添加"海水鱼多维"和"水产专用维生素C",以加强营养,提高免疫力。另外,捕捞、运输、分选时,操作要小心谨慎,避免鱼体受伤;降低放养密度,保持优良养殖环境;不投喂氧化变质、不新鲜的饲料;及时驱除鱼体内的寄生虫,定期进行淡水浸洗,辅以投喂抗生素,以防感染。

治疗方法 一是口服诺氟沙星、氧氟沙星等抗生素药饵,用量为 2~4 mg/kg 体重,疗程 3~7 d。二是甲醛 200 mg/L,加抗生素 20 mg/L,海水增氧,浸泡20~30 min,也有疗效。

1.4.1.2 细菌性烂鳃病

病原 柱状屈挠杆菌。

症状 鱼体变黑、离群慢游、不摄食、体消瘦。鳃盖、鳃瓣充血发炎。鳃上有污物,黏液增多。镜检可见鳃小片端部肿大、增生愈合,病灶处可看到能滑行的长杆菌,鳃丝末端腐烂缺损。病程长达 30 d 左右,死亡率达 25% 以上。

流行情况 细菌繁殖的最适温度为 30℃ 左右,因此,高温期内水温越高,发病可能性越大,呈爆发性流行。常见于池塘养殖的大黄鱼,池底受残饵与排泄物污染,在水浅情况下细菌感染鳃部。

预防措施 池水保持在 3 m 左右,在鱼种下塘之前,用漂白粉或生石灰清塘消毒,用量为 100 kg/667 m²;在养殖期间,定期用生石灰水全池泼洒,用量为40 kg/667 m²(水深 3 m)。减少投喂量。

治疗方法 一是口服诺氟沙星等抗生素药饵(2~4 g/kg 体重),疗程 3~7 d。二是用优氯净、消毒灵 10~20 mg/L 加抗生素 20 mg/L,海水增氧浸泡

20～30 min 连续 2～3 d。

1.4.1.3　腐皮病

病原　荧光假单胞菌。

症状　病鱼表皮有严重炎症,以致鳞片脱落,皮肤褪色、溃疡,鳍条腐烂;低水温期病鱼腹腔积水,肠道内充满土黄色黏液。病鱼头部向下,做挣扎游动。

流行情况　全年均有发生,但在捕捞、运输、分选及越冬后,容易流行。

预防措施　荧光假单胞菌也为条件致病菌之一,预防措施同弧菌病。

治疗方法　一是在发病期间,用消毒剂挂袋或泼洒,改良水质;二是口服抗生素药饵(2～4 g/kg 体重),疗程 3～7 d。

1.4.1.4　细菌性肠炎病

病原　由多种嗜水气单胞菌等感染发病。冰鲜鱼在贮存过程中蛋白质会分解产生组织胺,与游离的赖氨酸结合产生"糜烂素",因此,造成肠道溃疡、糜烂。

症状　病鱼离群独游,鱼体发黑,食欲减退,以至完全不摄食。剖开肠管,肠壁局部充血、发炎。肠腔内无食物或在肠后段有少量食物,肠内黏液较多,后期典型症状为肛门红肿,腹部膨大。严重时,肠道因瘀血呈紫红色,肠壁弹性较差,肠内有大量的淡黄色黏液,肛门红肿。

流行情况　在整个养殖过程中,均可能发生,在高温期尤为多发。常见发病于 4～9 月。水温在 25℃ 以上时,鱼苗进入网箱 15 d 后,即可发生此病。病鱼的鳃部失血发白,肠道空,有的充水,一般在猛烈摄食几天后开始发病,病程短,3～5 d 即可大部分死亡。

预防措施　一是高温期控制投饵量,不投喂变质的饲料;二是搞好环境卫生,投饵器具,每次使用前后进行消毒;三是 6 月中旬开始,坚持投喂大蒜汁;四是定期投喂食母生;五是每千克饲料中,加入 5 g"鱼健康 1 号- 2000",5 g"海水鱼多维",连续投喂。

治疗方法　一是发病时,停食 1～2 d。二是口服盐酸黄连素药饵(2～4 g/kg 体重),疗程 3～5 d,第一天药量加倍。三是每个网箱用"富氯 1 型"1 片挂袋,每千克饲料添加"鱼健康 1 号"或"鱼健康 1 号- 2000"20 g,"水产专用维生素 C"2 g,连续投喂 3 d。四是在患病严重时,需连续投喂药饵直到治愈后再喂2 d,以巩固药效。

1.4.1.5 烂尾烂嘴病

病原 滑走细菌。

症状 在鱼种阶段,容易发生此病。发病鱼种的体侧鳞片脱落,体表或吻端、尾鳍充血以至糜烂。病重的鱼种,不摄食,不停地绕网箱环游,并把吻端伸出水面,呈"缺氧浮头"状。经3~7 d后,鱼体间断性翻转,最后衰竭而死亡。

流行情况 常见于鱼种培育阶段,主要是在养殖过程中,移箱操作或水流湍急,鱼体受伤后,被滑走细菌感染所致。

预防措施 以预防为主,搞好网箱的挡流工作。每次移箱操作时,要做到轻而快,尽量避免分池或使鱼受到惊扰。移箱操作时,要轻拿轻放,并用适量的抗生素,进行药浴,间断性投喂鱼用多种维生素和抗生素,以提高苗种的抗病能力。同时,要加强水质管理,不投喂不新鲜饲料,注意饲料投喂量定期添加抗生素,以减少体表碰伤导致滑走细菌的感染。

治疗方法 一是用盐酸土霉素、四环素、金霉素等抗生素纯粉剂,投喂量为50~75 mg/(kg体重·d),连续投喂10 d。二是用磺胺类药物纯粉剂,投喂量为200 mg/(kg体重·d),连续投喂3~7 d。

1.4.1.6 体表溃烂病

病因 网箱布局不合理、水流不畅通、养殖密度过大、海水严重污染、饲料不鲜、鱼的体质下降等因素综合作用的结果,导致细菌性流行病的暴发。

病原 哈维氏菌和腐败假单胞菌是体表溃烂的致病菌。

症状 更换网箱操作,机械损伤后,引起体表溃烂。

流行情况 网箱养殖大黄鱼,在高温季节,水温在25~30℃易流行,在5~9月均有发生。

预防措施 在饲料中加入氟哌酸、环丙氟哌酸、庆大霉素和复方新诺明等其中一种口服药物,在每千克饲料中加入2 g,搅拌均匀后投喂。

治疗方法 将病鱼分离,如能摄食,用上述药物其中一种在每千克饲料中用药物5 g,搅拌均匀后投喂,连喂3 d,如严重者,则连续投喂7 d;用淡水浸泡消毒。

1.4.1.7 肝肿大坏死病

病原 由链球菌等细菌感染而引起;由于投喂腐败变质的饲料中毒而引起,或在中毒后身体完好,体色正常,但在近水面浮游或狂游而死;大量投喂抗生素类药物引起。

病因　摄食发霉变质饲料；摄食劣质、营养成分不全的配合饲料；水环境中氨氮含量高；长期使用抗生素或含铜、锌的添加剂；常使用敌百虫挂袋或抗生素消毒等可引发肝病。

症状　病鱼游动缓慢，分散于缓流处，浮于水面；体色发黑；鳃发白；眼球充血肿大、突出；体表有一处或多处隆起，尤其尾部为多见，隆起部位出血或溃疡；肛门红肿；解剖发现肝肿大，出现花斑、发黄，甚至出现坏死；胃肠积水、肠壁发炎；有的体表无明显症状，但肝局部或大面积坏死、肿大，肠内有黄水。鱼种阶段死亡率最高。

流行情况　鱼种阶段感染多，死亡率最高。大黄鱼肝病，发生十分严重。在春秋的全长 10～20 cm 鱼种中多见。在 6 月中旬，当水温升至 28℃以上时流行。体表无寄生虫，鳃丝白。肠道充满黄色液体，胆囊膨大呈深绿色或粉红色。肝浅淡色或带黄色，肝变得细长、萎缩，为正常的 1/5 左右。临死前挣扎跃出水面，不久死亡，严重时每天死亡几百尾。

预防措施　在发病高峰季节，在每千克饲料中加"鱼健康 1 号"5 g，连续投喂，同时，用"富氯Ⅰ型"挂袋；严禁投喂变质的饲料或发霉的配合饲料；降低放养密度，保持网箱内外水流畅通；在饲料中添加维生素 C 和复合维生素 B；发病时要对症下药，不要长期使用同一种抗生素。连续使用一种抗生素，一般不要超过 5～6 d，以免产生抗药性；使用生物活性物质，预防肝病。

治疗方法　一是在每千克饲料中，加"鱼肝康"10 g、"海水鱼多维"5～10 g（鱼糜加 5 g，粉料、颗粒料加 10 g），连续投喂 3～5 d；二是如果饲料质量差，应立即更换饲料，同时在饲料中添加"海水鱼多维"，用量同上。

1.4.2　寄生性疾病

1.4.2.1　刺激隐核虫病（白点病）

病原　刺激隐核虫，也称咸水小瓜子虫的原虫。

症状　主要寄生在鱼的体表和鳃上。发病初期，肉眼可见在病鱼的尾鳍和胸鳍出现一些白色小点，以后逐渐传染至体表和鳃部，附满白色小点，严重时形成 1 层浑浊的白膜。病鱼体黑消瘦，游泳缓慢，不集群，对声响反应迟钝，不摄食或少摄食，随着病症加重，鳍条破损、开叉，黏液增多，呼吸困难，不断在固着物上摩擦身体,最终因鳃组织毁损窒息,不时张口在水中挣扎,沉入池底而成批窒息死亡。因为是由咸水小瓜子虫寄生于鱼体皮肤而引起,特别是在水温高时,其幼虫繁殖速度很快,所以该病传染速度很快。

流行情况 水温在 20℃ 以上开始流行,水温 25～30℃ 时盛发,流行季节为 6～10 月。苗种、成鱼均可迅速感染,传播快,死亡率高;对苗种危害尤为严重,人工育苗中也常见,是育苗中主要的原虫病之一。培育苗种的网箱,如果设置在池塘或水流不畅、水质差的海区中,水温在 20℃ 以上时,容易发生此病。

预防措施 鱼池必须彻底换水或倒池;放养密度越大,隐核虫感染传播速度越快。所以应适当稀养,降低放养密度;发病后及时治疗,死鱼及时捞出,不可随意丢弃水中,以免隐核虫形成包囊进行增殖,增加传染源;严格消毒并保持网箱内外水流畅通,加大水体交换量,保证水质清洁;定期用淡水浸洗,预防病原寄生。

治疗方法 一是根据鱼的耐受程度,用淡水浸泡 5～10 min,并辅以抗生素治疗,以防继发性细菌感染。实践证明,对于寄生性疾病,应首选淡水浸泡这一既经济、便捷,又安全、可靠的方法。二是用甲醛 200 mg/L,海水增氧浸泡 20 min。三是用硫酸铜 5 mg/L 浸泡 20 min 也有疗效。但硫酸铜药性较烈,大黄鱼对其特别敏感。所以,使用时应根据具体情况,加倍小心操作。

1.4.2.2 淀粉卵涡鞭虫病

病原 淀粉卵涡鞭虫。

症状 主要寄生于鱼的鳃上,也见于体表和鳍条。病症类似于前述的刺激隐核虫病,体表也有许多小白点,但镜检可以发现虫体明显比隐核虫小,且不是寄生在上皮组织内,而是寄生在其表面。病鱼浮于水面,鳃盖开闭不规则,鳃呈灰白色,鳃组织破坏,由于呼吸机能障碍而导致死亡。

流行情况 苗种、成鱼都可受其危害,育苗中也有所见。多发于每年 5～9 月,水温 20～30℃ 时,传播速度快,危害大,在河口低盐地区发病程度较轻。

预防措施 因为淀粉卵涡鞭虫营养体成熟或离开鱼体后,也形成包囊。所以预防的方法同刺激隐核虫。

1.4.2.3 贝尼登虫病

病原 贝尼登虫(一种蠕虫)。

症状 寄生在鱼体、鳍条及鳃上。大量寄生时,虫体不但吸食宿主的上皮细胞、黏液和血液,其后吸盘大钩还会钩、撕宿主的表皮和肌肉,造成组织损伤。病鱼皮肤黏液增多,局部呈白斑状,体表伤口引发细菌感染,发生严重炎症,鳞片脱落,尾部、鳍基部充血,鳍条开裂挂脏,肌肉溃疡穿孔,眼球发白,出现烂颌、烂尾、瞎眼等症状。病鱼漂浮于水面、游动无力,溃烂不堪,甚至衰竭而死亡,累积死亡率高。水面出现少量死亡时,网箱底部往往沉积大量死鱼。

流行情况　当鱼种进入网箱时,即会被感染。贝尼登虫病流行于每年的7～10 月。水流缓慢,水质较肥的海区,发病率高。高盐、放养高密度地区,发病早、发病的程度严重、死亡率高;河口低盐地区,则病症相对较轻。本病为在大黄鱼的养殖中,危害最大的寄生性疾病。原病体对宿主无专有性,多为单纯感染,秋苗体小皮嫩,抵抗力弱,对贝尼登虫极为敏感。1 尾幼苗,只要被 1 个虫体侵袭,就足以致命。寄生多时,1 尾全长 5 cm 的幼苗,身上寄生有 7 个以上的虫体,如果治疗不及时,可在短时期内造成大量的死亡。4～11 月,水温为 13～29℃,为主要的流行季节。

防治方法　一是在淡水中加 20 mg/L 诺氟沙星等抗生素浸泡。当水温为10～20℃时,浸泡 15～20 min;当水温为 20～25℃时,浸泡 10～15 min;当水温为 25℃以上时,浸泡 5～10 min。虫体绝大部分变白脱落而死亡,这也是本病最安全、最有效的防治方法。二是用 250 mg/L 甲醛,海水增氧浸泡 20 min。三是用生石灰、敌百虫等泼洒或挂袋也可以防治。但该方法最大的缺点是,敌百虫浓度不易掌握,如果浓度太大,容易造成鱼体中毒死亡;如果浓度太小,又杀灭不了贝尼登虫。在夏季高温季节,最易发生中毒死亡事故。

1.4.2.4　海盘虫病

病原　海盘虫。

症状　寄生在鱼的鳍条和皮肤上。鱼体消瘦,浮于上面,摄食减少,鳃、皮肤黏液增多,口、鳃猛张开,呼吸困难,直到死亡。

流行情况　主要危害大黄鱼苗种和成鱼。

治疗方法　一是淡水中加入抗生素 20 mg/L,浸洗 5～10 min,大部分虫体可以脱落,但有少部分虫体可能残留在鳃的黏液里。所以在间隔 2～3 d 后,要重复治疗 1 次。二是用硫酸铜和硫酸亚铁(5∶2)合剂 10 mg/L,海水增氧浸洗10 min。三是用 200 mg/L 甲醛,海水增氧浸洗 20 min。四是用高锰酸钾20 mg/L,海水增氧浸洗 30 min,也有一定的疗效。

1.4.2.5 布鲁克虫(瓣体虫)病

病原 布鲁克虫和瓣体虫,两者亲缘关系及形态构造上都很相似,有的学者认为是同物异名,因其病症与防治方法均为相同,故以同物异名处理。

症状 寄生在鱼体的皮肤和鳃上。病鱼分泌大量黏液,鳃盖闭合困难,也称"开鳃病"。典型症状是在体表形成不规则的白斑,故又称白斑病。从白斑处刮取黏液,做成水浸片镜检,可见大量虫体。病鱼胸鳍从体侧向外伸直,近于紧贴鳃盖,浮于水面,2~3 d 内死亡。瓣体虫,属于原生纤毛虫的一种,寄生于鱼体表、鳃及鳍条上,使鱼体黏液增多,鳍条挂脏,游泳缓慢,不集群,导致体质衰弱而大量死亡。

流行情况 主要是危害大黄鱼的苗种。在大黄鱼的苗种培育阶段(全长 2.5~10 cm),当水温在 25℃以上时,或水流不畅通时,容易患此病。春夏对网箱中的小苗鱼危害更甚,能迅速延蔓,死亡率可达 90%以上。当鱼苗下网箱 1 周后,即有可能发生此病。病鱼的鳃盖闭合困难。在低倍显微镜下检查鳃片,发现有大量圆形原生动物的纤毛虫类,虫体大小一般为 40 μm~20 μm,活动能力尚强,在小范围内不断地移动。传播快时,一个视野可达 100 多个。病程很短,如果不及时进行处理,鱼苗在 2~3 d 内可全部死亡。

预防措施 同刺激隐核虫病的预防方法。

治疗方法 一是用淡水浸泡病鱼 2~4 min,事先在淡水中加入 20 mg/L 抗生素,隔日重复 1 次。二是用 200~250 mg/L 甲醛,海水增氧浸泡 5~10 min,有显著疗效。三是浸泡后投喂的饲料,加入 2%~3%四环素,投喂 5 d,可预防鱼体损伤导致的继发性细菌感染。四是用驱虫剂(如鱼药海虫净、纤虫清等 5~10 mg/L),海水增氧浸泡 5 min,也有疗效。

1.4.2.6 车轮虫病

病原 车轮虫。

症状 主要寄生在鱼的鳃上,以及鱼的体表、鳍上。寄生在鳃上最为普遍和严重。虫体以附着盘附着在鳃丝及体表,不断转动。虫体的齿钩,能使鳃的上皮组织脱落、增生、黏液分泌过多,呼吸障碍,甚至烂鳃,摄食逐渐减少,消瘦。如果寄生数量少时,则无明显症状;如果大量寄生,则鳃丝黏液大量分泌,直到呼吸机能发生障碍,衰竭而死亡。

流行情况 全年均可发生。发病的高峰期为高温季节。主要危害鱼苗和鱼种。

预防措施　同刺激隐核虫病的预防方法。

治疗方法　一是用 25 mg/L 甲醛药浴病鱼 15～20 min。二是用淡水加抗生素浸泡 5～10 min。

1.4.3　营养性疾病

1.4.3.1　营养缺乏症

病因　饲料单一,营养不全面,缺乏多种维生素等原因引起。

症状　体表发黑或正常,消瘦,有的眼睛突出,生长缓慢,大部分病鱼均患有脂肪肝综合征,如果遇到外界刺激,如水质突变、降温、拉网等,则应激能力差,会发生大批死亡。泼洒有刺激性的杀菌剂、杀虫剂,也会导致死亡。

预防措施　长期在饲料中添加"海水鱼多维",每千克饲料添加 5 g。

治疗方法　每千克饲料中,添加"海水鱼多维"10 g 和"水产专用维生素 C"3 g,连续投喂,可治疗此病。

1.4.3.2　仔鱼鳔异常膨大病

病因　缺乏高度不饱和脂肪酸(ω_3HUFA)所引起的一种营养缺乏症。

症状　仔鱼体表发白,常浮于水面、空胃,镜检发现鱼鳔异常膨大。

防治方法　大黄鱼仔鱼对营养要求很高。高度不饱和脂肪酸是促进仔鱼生长发育必需的营养物质。因此,投喂的生物饵料,如轮虫、卤虫无节幼体,必须经过营养强化。其方法是:轮虫,必须经过高浓度小球藻 12 h 以上的二次培养;卤虫无节幼体,必须经过乳化鱼肝油 12 h 以上的强化。同时,要提早投喂桡足类,以满足大黄鱼仔鱼的营养需求。

1.4.4　药物中毒症

有的养殖户,由于缺乏常识,在鱼病治疗期间,乱用药物而引起养殖鱼类的药物中毒症。主要有以下几种情况。

第一,在鱼病发生后,如果大剂量使用抗生素或多种杀虫剂等,则会出现养殖鱼摄食量减少或不摄食。如果在水面形成油膜,阻断氧的交换,幼小鱼苗还会发生缺氧死亡的现象。

第二,大多数养殖户,采用敌百虫挂袋治疗寄生虫病,用量过多。因为敌百虫毒性很大,轻者导致大黄鱼不摄食,重者则造成鱼的大量中毒死亡。而敌百虫对隐核虫、瓣体虫和车轮虫等原生动物无效。所以建议养殖户,不要盲目地使用敌百虫等有机磷杀虫剂。

第三,周围水体过多使用敌百虫。有的养殖户没有使用任何药物也会发生大量死亡(小鱼尤为敏感)。据分析,可能是因为周围水体大量使用敌百虫所致。因为敌百虫过量使用,可在局部水域形成高浓度或在水体表面形成一层油膜,由于海水的流动性,使其在周围养殖水域扩散,一旦某一水体因水流使敌百虫达到致死浓度,就会造成这一带水体的鱼中毒死亡。

将挂袋的敌百虫提离水体,用纱布把水面上的油膜除去,或在网箱表面泼洒少量生石灰除去水面油膜,加大海水的网箱内外的交换量。以上措施实施后,再内服"鱼肝康"和"海水鱼多维"进行治疗。

1.4.5　生物敌害

1.4.5.1　水螅

病因　附着在网箱上的水螅,其刺丝喷出的毒液,可使大黄鱼致死。

防治方法　发现后应及时更换干净的网箱,或在低潮时用 2 mg/L 浓度的硫酸泼洒,以杀死水螅。

1.4.5.2　鱼虱

病因　鱼虱寄生在鱼的体表、鳍及鳃盖内侧。

症状　病鱼狂游,或在水面跳跃。

防治方法　用晶体敌百虫挂袋,以消灭鱼虱的幼虫。

第2章 花　　鲈

2.1　花鲈的生物学特征

2.1.1　分布和栖息环境

花鲈(*Lateolabrax japonicas*)隶属于鲈形目鮨科花鲈属,分布于我国的黄海、渤海、东海、南海等海域,日本、朝鲜沿海也有分布。花鲈为近岸浅海中下层鱼类,喜栖息于河口咸淡水处,也能生活于淡水中,为广盐性(0.5～35)鱼类。花鲈生存水温为2～34.5℃,属广温性鱼类,10℃以上开始摄食,最佳生长温度为15～25℃,在2℃以下、34.5℃以上不能生存。

2.1.2　形态特征

2.1.2.1　外部形态特征

花鲈体形修长,侧扁,体长为体高的3.5～4倍。头中等大,体长为头长的3～3.2倍,体小时头较长。吻略尖,头长为吻长的4.3～4.5倍,吻长稍大于眼径。眼大,头长为眼径3.5～4.5倍,体大时眼较小。口大,端位,口裂略斜,下颌长于上颌,上颌骨后端延伸至眼后缘的下方。两颌及犁骨和腭骨均有绒毛状细齿,舌面光滑。前鳃盖骨后缘有细锯齿,隅角处及下缘呈棘状。鳃盖骨后缘有高平棘。鳃孔大,鳃耙细长,有18～24枚。头披小栉鳞,侧线与体背缘平行,伸至尾鳍基部,侧线鳞70～78枚。两个背鳍中间以低鳍膜相连,由13～14枚强棘及12～14鳍条组成;臀鳍由3枚棘,7～8个鳍条构成,第二棘强大,尾鳍叉形。体背侧青灰色,腹缘银白色,背侧及背鳍鳍棘部有黑色斑点,背鳍鳍条部及尾鳍有暗色边缘。

2.1.2.2　内部构造

花鲈内部构造可分肌肉、骨骼、消化器官、呼吸器官、循环系统、生殖器官、神经系统、感觉器官和内分泌系统等。具有幽门垂,指状的幽门垂分前后两组,每组7个,单行排列。鳔长囊形,不分室,壁薄而透明,前端中央稍凹,后端尖突,在背部有卵圆窗,鳔无管。

2.1.3 生态习性

2.1.3.1 生活习性

早春,花鲈仔、稚鱼随潮流进入河口海区,在近岸浅水区摄食、生长,部分则进入河流内。10月以后,随着水温下降,部分较大个体逐渐离开近岸游向深水。花鲈喜欢在浅海内湾生活,它没有结成大群进行远距离洄游的规律,但有局部移动现象。每年秋、冬季产卵时期,一般栖息在近岸水深10～20 m的水域,产卵后留在附近深水区。长江口附近沿海的花鲈,在未性成熟前,大部分均在长江口育肥、生长。而参加繁殖的亲鱼在较高盐度的水域繁殖后,仍要回到长江口育肥,每年按此周期往复。据观察,花鲈在春季主要游弋于沿岸和内湾10～30 m深水域的中、上层,并向近岸、内湾移动。整个夏季多栖息于河口附近10多米以内水域,直到深秋再游向深水区产卵和越冬。

2.1.3.2 摄食习性

1. 花鲈幼鱼的摄食习性

花鲈是肉食性鱼类,其食饵种类随着生长逐渐从虾类向鱼类转变。以港湾内的花鲈为例,5月以前的仔、稚鱼主食桡足类和糠虾;6～7月以糠虾和幼蟹为主,并开始摄食白虾、对虾苗和小型鰕虎鱼类;8～9月则过渡到以白虾、对虾和鰕虎鱼类为主要饵料;10月则吞食梭鱼、斑鲦等港内经济鱼类;1龄以后就转向以小鱼和虾类为主要食物。

在浙江乐清湾,体长2～2.7 cm的花鲈苗以桡足类为食;体长4.2～7.8 cm的鱼种以糠虾、白虾幼体、端足类为食;体长9.0～11.5 cm的鱼种以小棱鳀、小鲻鱼、小斑尾复鰕虎鱼、软体动物为食;体长15.5～28.0 cm的大规格鱼种则吞食较大个体的鱼虾。渤海湾内花鲈幼鱼主要摄食对象有多毛类、双壳类、甲壳类和鱼类等四大类19种。主要摄食品种有鳀、黄鲫、赤鼻棱鳀等小型鲱形鱼类,兼食某些底栖动物如多毛类、虾蛄幼体等。

2. 花鲈成鱼的摄食习性

1) 花鲈成鱼的食物组成

在渤海,花鲈成鱼的食物类群包括单壳类、双壳类、头足类、甲壳类和鱼类等五大类共 56 种饵料生物。其中鱼类占绝对优势,不仅种类多(27 种),而且在胃含物中所占的比例也最大(62.4%);甲壳类处于第 2 位,在花鲈食物组成中出现 21 种,比例达 33.22%;其他依次为头足类、单壳类和双壳类。按饵料生物的生态习性划分,则各饵料类群在食物团总质量中所占的比例为:游泳动物63.58%,底栖动物 36.32%,浮游动物 0.1%。因此,渤海的花鲈成鱼为游泳动物食性鱼类。

2)花鲈成鱼摄食的月变化

花鲈成鱼在渤海的摄食存在明显的月变化,其饱满度指数[饱满度指数=(食物团实际质量/鱼体净重)×100%]呈现两个低谷:① 1~3 月,饱满度指数为 0.291%~0.426%;② 6~10 月,饱满度指数为 0.525%~0.869%,这表明渤海的花鲈在上述 2 个时期摄食强度低。与其对应的 2 个饱满度指数高峰区是 4~5 月和 11~12 月,指数分别为 2.010%~2.134%和 2.943%~3.360%。说明花鲈在越冬前为积累能量和越冬后弥补身体损耗,而剧烈摄食,为周年中的 2 个摄食高峰期。

2.1.3.3　生长

花鲈的生长因海域不同而存在着明显的差异。日本沿岸 2 龄以上的花鲈个体比渤海湾同龄花鲈个体平均体长小 10 cm,而长江口附近海域的同龄花鲈又比渤海湾的大。同一地区的不同年份,花鲈的生长也存在着明显的差异,这主要与种群密度、饵料丰歉及水温高低有密切关系。

在黄渤海区,1 龄花鲈的生长随着水温的升高而加快,在 4 月水温升至 7℃时,全长 1.5 cm 的花鲈苗开始出现;6 月平均水温 12℃,花鲈生长速度加快,平均全长 6 cm;7 月中旬平均水温在 18℃左右,全长达到 10 cm,最大体重可达25 g;到 11 月,平均全长达 20.6 cm,体重 175 g。在山东南部沿海网箱养至当年 12 月,平均体重可达 308 g,最大体重 600 g。生长好的网箱,平均体重可达450 g,最大体重 650 g。

在花鲈的生命周期中,体长生长以前 3 年最快,平均每年增长 10 cm 以上,4~6 龄鱼生长速度开始降低,7 龄以上花鲈进入衰老期,体长生长速度显著减慢。体重从 1 龄后开始迅速增长,每年增重 500~900 g。在人工养殖条件下,最大增重可达 2 000 g。7 龄以上才开始减慢,花鲈的寿命约为 10 龄或更长。长江口各龄花鲈的体长、体重生长见表 2-1。

表 2-1 长江口各花鲈的体长、体重测定值

年龄/龄	1	2	3	4	5	6	7
实测体长/cm	27.97	42.63	51.5	58.00	63.56	68.67	71.85
实测体重/g	308.6	1 190	2 008	2 690	3 268	4 016	4 438

花鲈的体长与体重关系式为

$$W = 0.030\,03\,L^{2.849\,8}（适用于体重 600\,g 以内花鲈）$$

$$W = 0.060\,5L^{2.634\,6}（适用于 1\sim10 龄花鲈）$$

式中,W 为体重(g);L 为体长(cm)。

2.1.3.4 繁殖习性

1. 性比例、性成熟年龄与个体生殖力

据报道,在捕到的 1 200 多尾花鲈中,雌鱼仅占 36.7%。但在体长 650 mm 以上的群体中,雌鱼的数量占优势,这可能是雌、雄个体生长速度不同的反映。在黄渤海区,雄鱼 2 龄成熟,最小叉长 47.7 cm。雌鱼 3 龄开始性成熟,最小叉长 52.5 cm,4 龄全部性成熟。在人工养殖条件下,成熟年龄有提前的趋势。

花鲈的绝对怀卵量(总怀卵量)在 31.3 万~221.1 万粒,平均 128.2 万粒,相对怀卵量(每克体重的怀卵量)为 185~847 粒,平均为 408 粒。繁殖力旺盛的 4~6 龄鱼怀卵量为 37 万~80 万粒,但一次产出的成熟卵数为 16 万~25 万粒。从总趋势看,随着鱼龄和体长、体重的增加,一次产卵量也增大(表 2-2)。

表 2-2 花鲈的一次产卵量

序　号	1	2	3	4	5	6	7	8	9	10	11
全长/cm	80	55	80	67	82	80	75	57	59	83	50
体重/kg	7.7	6.8	6.1	4.8	8.7	8.5	7.5	7.0	2.9	5.7	2.0
产卵量/万粒	7.4	7.6	3.3	9.7	67.0	15.1	23.2	21.9	17.6	87.0	9.8

2. 产卵习性

1) 繁殖水域

花鲈在渤海湾的产卵场主要集中在东经 117°40′~118°的浅水区,即沿 10 m 等深线及其以内的近河口的咸淡水交混水域。产卵盛期产卵场几乎遍布整个渤海,而且形成了以渤海湾为主、辽东湾南部为次的两个密集中心,再其次为莱

州湾的东南部。中心产卵场水深 5～20 m,以 6～16 m 等深线为产卵的最适水深。盐度为 32～33,底质为泥沙。以上情况说明,花鲈产卵时的盐度范围较广,不仅可在近河口的咸淡水交混水域繁殖,也可在高盐度(31.5～33.0)的海区产卵。

2) 产卵期

花鲈在不同海区的产卵期不同,在同一海区的不同年份里,由于海水温度的差别,产卵期也略有差异。表 2-3 列出了不同海区花鲈的产卵期,从表 2-3 中可以看出,花鲈的产卵期在海区地域上有先北后南、先西后东的变化,这显然与水温的差异有关。

表 2-3　不同海区花鲈的产卵期

海　区	产　卵　区	研　究　者
黄渤海	9 月底至 11 月初	陈大刚,1995
渤海、黄海北部	9 月下旬至 12 月上旬和 5 月前后	毕庶万,1976
渤海	8 月下旬至 10 月底	吴光宗,1983
渤海湾	8 月上旬至 11 月上旬	万景瑞,1988
浙江宁海	11 月至翌年 1 月	孙帼英,1994
日本仙台湾	12 月中旬至翌年 3 月	田村正,1960
日本九州沿岸	11 月至翌年 3 月	真子渺,1957

3) 产卵类型

花鲈属分批产卵的鱼类。其卵巢发育在进入大生长初期,即显示出卵黄积累的非同步性,在Ⅳ期早期的卵巢中,还有正在积累卵黄的第 3 时相卵母细胞。产过一次卵后,卵巢内还有大量积有卵黄的第 4 时相卵母细胞,在适宜环境条件下,细胞迅速积累卵黄,进行第 2 次产卵。因此,花鲈属分批产卵类型。

2.2　花鲈的人工育苗技术

2.2.1　亲鱼的来源、运输和培育

人工繁殖的亲鱼可选用全人工培育的 3 龄以上花鲈,也可利用天然水域中捕获的成熟亲鱼。

2.2.1.1　池塘养成亲鱼的选择和培育

1. 亲鱼的挑选

采用由仔或稚花鲈在淡水或海水中饲养 3 年以上获得的成熟花鲈作亲鱼。

雌鱼应选 3 龄以上,体重 3 kg 以上,雄鱼应选 2 龄,体重 2 kg 以上,体质健壮,无受伤的个体。花鲈是在海水中繁殖,性腺成熟过程及繁殖时的水体盐度是非常重要的环境条件。

2. 亲鱼培育

亲鱼培育的好坏是人工繁殖成败的关键。在亲鱼培育过程中,需要满足亲鱼性腺成熟发育过程中的营养和生态条件的要求;投喂适口和足量的饵料;保持适宜的温度、溶氧和盐度。温度随着季节而变化,到繁殖季节,自然界的温度能达到花鲈产卵的要求。花鲈对水体溶氧量的要求比家鱼高,一般要求在 5 mg/L 以上。在培育过程中要特别注意水质的变化,应经常向池中注入新鲜水。花鲈在海水中繁殖,盐度对性腺发育起着决定性作用。对在淡水中养成的亲鱼要进行咸化培养(海水过渡)。据浙江象山港产卵场的调查,花鲈繁殖期(11~12 月)的海水盐度为 22~26;黄海、渤海产卵场水域盐度为 27~31,盐度的变化幅度较大。产卵期的温度为 14~18℃。以此作为淡水培育的花鲈亲鱼进行咸化培养的过渡依据。咸化培育工作要逐步进行,从 8 月就应开始,每 5 d 盐度加浓 1 次,到 11 月,亲鱼池的盐度应达到 24 左右。咸化培育不能操之过急,否则亲鱼因不能适应盐度变化而影响食欲。池水温度升高可采用蒸气或电热棒加温法,水温控制在 18℃左右。咸化时可用天然海水或用淡水配制,也可用盐卤及人工配制的海水进行咸化。如人工配制海水,据实验,累计加入的化学药品如下:1t 水中加入食盐 25 kg,氯化钙 1.25 kg,硫酸镁 7.5 kg,氯化钾 0.5 kg,硼酸 300 g,碳酸氢钠 175 g,硫酸锰 3.5 g,氯化锶 18 g,磷酸二氢钠 3.5 g,氯化锂 1 g,钼酸钠 1 g,硫代硫酸钠 1 g,溴化钾 24.25 g,硫酸铝 0.75 g,硫酸锌 0.1 g,碘化钾 0.075~0.25 g,硫酸铜 0.1 g。由于鱼池会渗水和受雨水等因素的影响,药品应略多加些,要经常测定池水盐度,并加以控制。每天上、下午各投喂 1 次,用活野杂鱼或鲜小杂鱼及冰冻小杂鱼、虾均可。人工配合饲料要求总蛋白质含量达 45%以上。采用定点、定量高抛入池方式饲喂。在培育管理过程中,还要注意水质的变化,经常清除残饵并采取增氧措施。

2.2.1.2 野生亲鱼的选择、运输和培育

1. 亲鱼的选择

于花鲈繁殖季节(11 月底至 12 月底),在自然海区捕捞的花鲈中选择没有产过卵、体质健壮、无病、无伤、鳞片完整、年龄在 3 龄以上、体重 3 kg 以上的雌

鱼和年龄在 2 龄、体重 2 kg 以上的雄鱼供繁殖用。

2. 亲鱼的运输

短途运输,可用帆布桶装运。长途运输,数量多的可采用帆布箱捆扎在汽车上运输,就是将大块帆布摊在汽车内,四周捆扎紧,灌上水,每吨水可装运 50～60 kg 花鲈亲鱼;或用橡皮袋充氧运输(花鲈背鳍有硬棘,不能用塑料袋装运),每袋装 3～5 kg,袋的容积为亲鱼与水总体积的 2 倍,运输时间超过 1 d 时,中途要充氧 1 次。还可采用麻醉运输法,此法用车运、船运、空运均可。即在容器中放适量的麻醉剂,使鱼降低呼吸频率和代谢作用,并呈昏迷状态,使之不致剧烈活动而耗氧。不论用哪种方法运输,到目的地后,都不能立刻将亲鱼放入池中,要进行消毒和调节温差。如果袋装的话则应连袋和亲鱼一起投入池中 10～15 min,让袋内外温度一致后再解开袋子。运到的亲鱼要在消除温差下池之前,用 5 ppm 的高锰酸钾液药浴 5 min 后再放入暂养池暂养。池水盐度要和自然采捕海区的盐度相一致。

3. 暂养和促性腺成熟

从海区捕捞的亲鱼,在暂养时要调试生态环境。要控制光照,遮上黑布。温度控制在 14～18℃,盐度调节至 24,池水溶解氧要求在 5 mg/L 以上。每天吸污 1 次,每日换水量 60%～100%。投喂活饵(斑鰶等小杂鱼),饵料量为亲鱼体重的 5% 左右。每隔 5 d 检查 1 次亲鱼性腺成熟情况,并采取胸腔注射促黄体素释放激素(促排卵素,LRH - A)10～15 mg/kg 体重,以促进性腺成熟。

2.2.2　人工繁殖

2.2.2.1　催产亲鱼的选择

在繁殖期雌亲鱼的吻部较宽而圆,背部较宽阔,腹部膨大,腹鳞大而稀疏,尾柄较短。可选择腹部膨大、柔软、前后大小匀称、生殖孔松弛而红润的雌鱼作繁殖用。亲鱼应作采卵检查,以卵呈橘黄色、饱满而有光泽、卵径在 0.7 mm 以上的为佳。雄亲鱼的嘴部较尖,背部窄,腹部圆,鳞片细而密,尾柄细长,以手轻压鱼腹有少量精液流出为佳。

2.2.2.2　催产剂的种类和用量

1. 催产剂的种类

适用于鱼类的催产剂有绒毛膜促性腺激素(HCG)、促黄体素释放激素

(LRH－A)、鲤脑垂体(PG)、地欧酮(DOM)。单种使用或 2 种、3 种混合使用均可。

2. 剂量

据实验,花鲈亲鱼催产药剂可采用如下剂量:1.7～2.5 mg PG＋40 μg LRH－A70～1＋1 600～2 200 UHCG/kg 体重;DOM 6～10 mg＋200～380 μg LRH－A/kg 体重;PG 1.5 mg＋250 UHCG＋25 μg LRH－A/kg 体重,雄亲鱼剂量减半,先注射第 1 针,第 2 天注射第 2 针;PG 1.5 mg/kg 体重加 HCG 500 U,雄亲鱼不必注射。上述剂量经试用均能见效。

3. 催产液的配制

HCG 和 LRH－A 均为白色晶体,用生理盐水(或 0.7‰氯化钠溶液)或蒸馏水把激素充分溶解,并反复用生理盐水冲洗几次激素瓶,按使用剂量混合后吸入注射器内待用。脑垂体保持在丙酮或干燥器内。从丙酮中取出的脑垂体用滤纸吸干,过 10 min 后用研钵研成细末,以生理盐水冲成混悬液,计算好剂量备用。激素需随配随用,如没有冰箱,剩下的溶液,第 2 天不能再用。

4. 注射的部位和方法

注射激素时由 2 人配合操作,做固定操作的,要戴好手套,以免手被鳍棘刺破。注射分体腔注射和肌内注射两种方法。1 人将鱼侧卧固定于用毛巾铺垫好的桌板上。1 人持注射器(用 16～20 号针头),在胸鳍基部进针,向鱼的头部方向,与身体呈 45°～60°角刺入 1.5～2 cm。进针不能过深,以防刺伤心脏,也不能太浅,以防针头脱开鱼体。然后将药液慢慢推入鱼腹腔内。针头拔出后用酒精棉球消毒针眼,并防止注射液流出。肌内注射的部位在背鳍与侧线间的背部肌肉上。注射时将针头朝向头部,用针头轻轻挑起鳞片刺入 1.5～2 cm,慢慢将催产剂推入肌肉中,拔针后用酒精棉球按住针眼,轻轻揉动以防药液流出。注射催产剂后将亲鱼放入网箱或产卵池中,等待其发情产卵。腹腔注射一般比肌内注射产生效应快,采用得较多。有 1 次注射和 2 次注射,2 次注射的第 1 针与第 2 针间隔 24～36 h。效应时间为 28～90 h。效应快慢与水温及剂量有密切关系。

5. 催产实例

上海市水产研究所于 1984 年 12 月中旬对 6 尾雌鱼和 7 尾雄鱼进行催产。12 月 11 日注射第 1 针,每千克体重雌鱼注射 PG 1.5 mg＋HCG 250 U＋

LRH-A 25 μg,雄鱼剂量减半。12 月 13 日注射第 2 针,每千克体重雌鱼注射 PG 1.5 mg+HCG 1 500 U,雄鱼不注射。12 月 16 日上午在池中捞到少量卵粒,17 日挤出卵粒 500 万颗左右,进行干法人工授精。

2.2.2.3　人工孵化

1. 人工授精

花鲈一般采用人工授精。每尾亲鱼的性腺成熟程度不同,催产后的效应时间又与催产激素剂量大小有关,因此准确掌握排卵时间,适时进行人工授精是人工孵化成败的关键。据观察,催产后经一定时间,雌鱼开始骚动不安,绕池游动,当单独 1 尾亲鱼在池角静止不动时,显示卵子即将成熟。从亲鱼腹部形态变化来看,催产后腹部逐渐膨大,至腹部不再膨大时,再过一段时间即可进行人工授精,即将雌鱼捞起,轻压腹部有卵流出时,便按住生殖孔将亲鱼提出水面,用毛巾抹去体表水分,将鱼卵挤入擦干水的瓷盆中。挤卵要从前向后挤压,同时用同样的方法把雄鱼精子挤入另一干净瓷盆中,加入等量的生理盐水,将精液倒入卵盆中,接着用羽毛轻轻搅拌 1~2 min,使精子和卵子充分混合,然后徐徐加入清水,再轻轻搅拌 1~2 min,静止 1 min 后倒去污水,如此重复用清水洗卵 2~3 次,移入孵化器中进行孵化。要准确把握人工授精时间,这关系到产卵量、受精率和孵化率。成熟度不够或过熟的卵都不会有好的孵化成活率。卵成熟时轻压亲鱼腹部,卵流动通畅,卵色橘黄、晶莹透明,有厚实感,吸水后手感有弹性,此种卵受精率高。若轻压亲鱼腹部,卵不能畅流,卵呈黄白色,不透明,说明卵子未达充分成熟;若挤出的卵子呈淡黄色且混浊,卵子中混有溢出的油滴,吸水后手感无弹性、易破碎,表明卵子已过熟。这两种卵受精率和孵化率均较低。产卵量可按质量或体积来计算。受精率是在卵粒人工授精后经孵化,从其中取出 100 粒卵,在解剖镜下观察没有受精的卵子数量后计算出来的。没有受精的卵胚胎不发育,而且颜色发白,不透明,容易观察,然后计算受精率。孵化率的计算是用出苗数除以受精卵数,然后乘 100。

2. 胚胎发育

花鲈成熟卵卵黄均匀,无色透明,呈球形。卵受精后不久即吸水膨胀,卵径 1.25~1.35 mm,卵内有油球 1 个,有时有 2~5 个,油球径约 0.33 mm。由于油球偏于植物极,受精卵在水中是植物极向上。受精卵吸水膨胀后,卵径变化不大,卵周隙狭窄,约 0.04 mm。卵粒受精后直到仔鱼出膜为胚胎发育期。在水温14℃的情况下,经4～5 d仔鱼出膜,刚孵出的仔鱼体长4～4.6 mm。花鲈的胚胎发育时序见表2-4。

表2-4 花鲈胚胎发育时序

发育期	外 观 特 征	时 间
受精卵	卵呈球形,浮性,油球表面有黑色素和黄色素	
胚胎隆起	动物极原生质开始隆起形成胚盘,处在卵的下方	1 h
2细胞期	胚盘纵裂,分成大小大致相等的2个细胞	1 h3 min
4细胞期	胚盘第2条分裂沟和第1条垂直横裂成4个相等的细胞	2 h15 min
8细胞期	在第1条分裂沟两侧产生2条分裂沟,分裂成8个细胞	3 h
16细胞期	在第2条分裂沟两侧同时产生2条平行的分裂沟,分裂成16个细胞	3 h5 min
多细胞期	经多次分裂,细胞越分越小,排列逐渐不规则,胚盘逐渐变圆	7 h
囊胚早期	胚盘逐渐离开卵黄而隆起,囊胚层高度占整个卵子高度的1/3	9 h
囊胚晚期	囊胚层细胞的卵黄囊扩展,囊胚下降覆盖在卵黄囊上	12 h4 min
原肠早期	囊胚不断下包,占全卵2/5,胚环出现	16 h45 min
原肠中期	囊胚不断下包,占全卵2/3,胚环出现三角突起	26 h
原肠后期	胚盾加大伸长,胚体雏形出现	29 h
神经胚期	头部膨大,胚盾下陷形成神经沟,胚层占全卵4/5左右	31 h
胚孔闭合期	下包完成,胚孔闭合,出现眼泡、耳囊、嗅囊	33 h
尾芽期	尾芽出现,胚体色素增加,胚体肌节17对	39 h
心跳期	心脏跳动,每分钟90余次,胚体开始微弱抽动	56 h
出膜期	胚体抽动加剧,尾部不断摆动,多是尾部先破膜	85 h

刚孵出的仔鱼体长4.4～4.6 mm,头部较小,卵黄囊紧贴头的后部,口未张开,油球位于卵黄囊前端,圆形油球表面有明显的分枝状黑色素,鳍膜尚未分化。消化道纤细平直,末端稍向外弯,肛门开口于体长3/5处,肌节19和18,共37对,体侧分布有许多黑色素。

3. 花鲈的孵化方法

1) 孵化用具

使受精卵孵出鱼苗是人工繁殖的重要环节,如果孵化方法不妥或管理不善就会前功尽弃。其孵化方法有别于四大家鱼,也有别于加州鲈。如果采用孵化桶或孵化环道,流水速度要慢,进水量要少,否则,受精卵会黏附在出水处的筛绢上而造成死亡。比较理想的孵化工具是60～80目筛绢制成方形或锥形的孵化箱或孵化桶。放置在池子中进行孵化。

2) 孵化的水质条件

花鲈孵化温度为14～18℃。据实验,水体相对密度在1.017时卵下沉,孵化率很低;在 1.020 时,孵化率可达 40% 以上;在 1.022 时,孵化率达 90% 以上。一般,水体的相对密度在 1.016~1.022,所以孵化用水的盐度、相对密度宜控制在 1.020~1.022。花鲈耗氧量较大,一般水体溶氧量要控制在 5 mg/L 以上。为了抑制水中细菌、病毒等滋长,孵化期间每天应加入 18 U/ml 的青霉素 G 钾,以提高孵化率。pH 保持在 8~8.6 为好。

3) 孵化密度

花鲈的受精卵在海水中为浮性卵,不需大量充氧,但耗氧量较大,因此,孵化卵的密度不能过高,以 20 万~40 万粒/m³ 为好。在流水网箱中不充气者密度要稍稀。如用孵化桶,采用充气者密度可高些。

4) 孵化中的日常管理

(1) 温度:孵化水温以 14~18℃ 为好。18℃ 时需 85 h 孵出仔鱼;14℃ 时需 110~120 h 仔鱼才能出膜。在孵化期间,力求保持水温相对稳定,当水温骤升或急降,温差达 3~5℃ 时会导致胚胎发育畸形,降低孵化率。

(2) 水质:孵化用水要求水体的相对密度为 1.020~1.022,溶氧量 5 mg/L 以上,pH 8~8.6。任何一个指标有变化,都会造成孵化失败。

(3) 防害:水中混入小杂鱼虾、水生昆虫及大型水蚤等敌害生物,孵化也会失败。理想的孵化用水是经沙滤或 200 目筛绢滤过的水。

(4) 消毒:为防止疾病发生,受精卵在孵化之前应用消毒药浸泡。一般用 30%~50% 的甲醛浸泡 20 min 或用 10 ppm 的孔雀石绿浸泡 10~15 min,用高锰酸钾液药浴同样有效。

(5) 清除污物:是孵化管理中的一项重要工作。大量花鲈仔鱼出膜后,卵膜和未受精的死卵要及时清除。因此,一方面要调节好孵化桶的流水量和充氧量,使卵和鱼苗缓缓地翻动;另一方面要设法清除桶内的污物。简便有效的方法是将孵化桶短时间停止流水和停止充气。此时卵膜和死卵迅速下沉,待鱼苗上浮时,将上面的苗快速转移到另一个清洁的孵化桶内,反复多次转桶就能达到清除污物的目的。转桶时要大胆细心,间隔停水时间不能过长,3~5 min 即可。另一种方法是孵化桶停止水流或停止充气,待鱼苗上浮,污物下沉至孵化桶底部时,迅速拔掉孵化桶出水管,使沉到底部的污物,随水放出,并立即插上进水管,每隔 1~3 d 进行 1 次。如果在网箱内孵化,可采取吸污的方法,经常吸取网箱底部污物,以达到清除污物的目的。

2.2.3 苗种培育

花鲈仔鱼培育成 3~8 cm 规格的苗种供成鱼养殖,是花鲈人工养殖的另一重要环节。这个阶段正好跨越花鲈生命周期的 3 个阶段,即仔鱼期(卵黄囊存留期,1~2 日龄,体长 4.2~5.34 mm)、稚鱼期(卵黄囊消失至被鳞完成,体长 5.34~20 mm)、幼鱼期(各器官形成至第 1 次性腺成熟)。苗种培育的关键是要有适口而富含营养的饵料及适宜的生态环境,为做好这几方面的工作,必须对花鲈苗种阶段的生活特性有所了解。

2.2.3.1 苗种阶段的形态特征和生活习性

1. 仔鱼、稚鱼阶段的器官发育和形态特征

花鲈苗不同日龄的形态特征(表 2 - 5)变化较大。花鲈仔鱼发育速度较慢,12 日龄卵黄囊才消失,14 日龄消化道才开通并开始摄食,生长缓慢。所以仔鱼出膜第 12 天即可开始投饵。

表 2 - 5　花鲈仔鱼的形态特征

日龄	体长/mm	消化器官	鳃	鳞、鳍和运动方式	卵黄囊形状
1	4.42	中后肠分化,肛门未开通	3 对鳃囊出现	尾鳍膜中出现放射状纹	长径 1.45 mm 短径 0.95 mm
2	4.83	肠管开始蠕动,肝脏形成		背、腹鳍膜明显加宽,胸鳍出现,作短距离平游	长径 1.24 mm 短径 0.65 mm
3	4.91	胃已分化,肝脏位于胃下方		胸鳍芽呈半月形	继续缩小
4	5.02	口凹开始形成,消化管分为食管、胃、肠三部分		在水表层平游	明显缩小
5	5.07	口凹明显,肠管弯曲	2 对鳃弓明显	胸鳍呈方形,静止不下沉,倒立于水面下	继续缩小,油球也变小
7	5.21	口凹极明显,胃、肠壁增厚			卵黄囊、油球很小
10	5.38	口腔开通,胃后陷,明显向下弯曲	3 对鳃弓明显	胸鳍圆形,出现鳍条,上下游动自如,反应敏捷,快速逃跑	卵黄基本耗尽
12	5.43	胃肠交界处出现幽门垂,少数肛门已通		出现鳔	卵黄耗尽
14	5.5	口与肛门全通,幽门垂 2 个,开始摄食	4 对鳃弓出现	鳔充气,有鳔管通食管,动作迅速,有频繁的捕食动作	

（续表）

日龄	体长/mm	消 化 器 官	鳃	鳞、鳍和运动方式	卵黄囊形状
17	5.55	上下颌出现细齿		背鳍膜向后退缩,能长时间保持水平状态	
20	5.59	上下颌边细齿增多,幽门垂 2 个		在水中游泳自如	

2. 稚鱼开口摄食的时间与饵料粒径的大小

14 日龄稚鱼开始摄食,可投喂轮虫和小球藻。开口摄食时的花鲈稚鱼,其口宽变化范围为 0.41～0.46 mm,而饵料粒径的大小范围为 0.09～0.13 mm。饵料粒径的大小占口宽的 21.95%～30.23%。一般认为,开食期饵料的宽度应是口宽的 20%～50%,很少超过 80%。那么,根据花鲈稚鱼口宽来推算,开口饵料合适的粒径应是 0.08～0.23 mm。这样看来,实际投喂的饵料粒径应以 0.15～0.2 mm 为合适。

3. 淡化处理

野生花鲈在海水中繁殖,若苗种在淡水中培育,应经过一个淡化驯养的过程。在海水中捞取的苗种或人工繁殖的鱼苗直接放入淡水培养,成活率较低,只有大约 30%,如经过 3～5 d 淡化处理,成活率可达 90%。

4. 驯养

花鲈是肉食性鱼类,并有摄食活饵的习性,但如果在稚鱼期进行驯养,也能养成杂食的习惯。花鲈是凶猛性肉食鱼类,常出现自相残食现象。据资料记载,4 cm 长的稚鱼竟能吞食 1 尾 2 cm 长的同类。因此,入池培养的花鲈苗种规格必须比较一致。

2.2.3.2 苗种的来源、运输和驯养

1. 苗种来源

花鲈鱼苗有两个来源:一是从天然海域采捕;二是由人工繁殖获得。

1）天然苗种的采捕

天然花鲈鱼苗可从沿海、河口水域捞捕。我国以山东、浙江、福建、台湾西南部沿海为多。于 2～6 月,在沿海用抄网捕捞鳗苗、鲻鱼苗及松江鲈鱼苗的同时,常能捕到大量花鲈鱼苗。山东南部近海岸 4 月初能捕到 1.2 cm 鱼苗。闽南沿海 2～3 月能捕到 2～3 cm 鱼苗。上海地区 3～6 月在沿海滩涂及河日水闸处均能捕到稚鲈苗。花鲈鱼苗旺发高峰期在 5 月。由于鱼汛期同鳗、鲻及松江鲈相接近,各种稚鱼常混杂在一起。一般在前期常混有较多的松江鲈,在后期混入鲻比较多。因这些稚鱼与成鱼形态基本相同,还比较容易鉴别。花鲈口大,倾斜,下颌长于上颌,上颌骨后延至眼后缘的下方,两个背鳍相连;鲻口小,前下位,平横,边缘锐利,两个背鳍分离;头部平扁,体侧有明显暗色斜纹的便是松江鲈。在 6 月捕到的鱼苗则多为花鲈鱼苗,但数量不及 5 月多。3～6 月捕到的花鲈稚鱼体长为 1.4～10.6 cm,体重为 0.04～2.5 g,同一汛期捕获的个体大小也有相差悬殊的。

2) 人工繁殖苗种

人工繁殖的花鲈鱼苗,至 14～17 日龄卵黄囊耗尽,口开通,肛门等消化道通畅,开始摄食,由内源性营养转向外源性营养的时间较其他鱼类长。开食之前各器官发育尚未完善,游动能力较差,因此,保持良好的生态环境、清净的水质和充足的水体溶氧量尤为重要。但在开食之前应尽量少进行剧烈的充气增氧和冲水操作,否则容易造成大量消耗能量而死亡。

2. 苗种运输

1) 天然苗种的运输

把刚捕到的野生花鲈鱼苗,先暂养在网箱或竹篓内,达到一定数量后再进行运输。如是短途(4 h 之内)运输,可用帆布桶装运,也可用聚乙烯鱼苗袋充氧运输,在 40 cm×60 cm 的袋内,可装 0.5 kg 的稚鱼;如果长途运输则袋内水量应增加,鱼苗要减少。暂养时间与运输成活率有密切的关系。据实验,暂养 13 d 后运输苗种当天到达目的地,成活率为 85%。而暂养 6 d 后,运输苗种当天到目的地的,成活率高达 95%。在塑料袋内放入适量青霉素等抗生素可起到防病作用。

2) 人工繁殖鱼苗的运输

可用聚乙烯塑料袋充氧运输。花鲈耗氧量大,装运密度要比家鱼稀疏些。花鲈鱼苗开食较迟,一般要到 12～17 日龄时才开食,鱼苗运输及下池时间以内源性营养即将转变为外源性营养时为好,太早苗太嫩,开食后运输不便,且会因摄取不到适口的饵料而饿死。

2.2.3.3 苗种培育技术

经驯养的花鲈鱼苗进一步培养成 3～8 cm 的鱼种,是花鲈养殖中的关键技术之一。我国对肉食性鱼类,特别是鲈鱼养殖技术的研究起步较晚,花鲈的苗种培育技术水平远比不上四大家鱼,甚至还赶不上鳜,很多问题还在探索之中。花鲈由内源性营养转为外源性营养的时间较其他鱼苗长,开食之前消化器官发育不完善,游泳活动能力弱,抵抗不利的外界环境条件的能力也差。因此,既要保持鱼池水质清新,充足的溶氧量,又不能剧烈地充气增氧,否则容易造成鱼苗因大量耗能而死亡。花鲈还会因大小不等出现自相残食现象,这一现象也给培育种苗增加了难度。花鲈的苗种可采用池塘、水泥池、网箱、网围及工厂化等多种形式进行培育。

1. 池塘培育

培育花鲈苗种的池塘,面积以 0.067～0.133 hm² 为宜,应注水、排水方便,水源良好,池水深 1 m 左右。在鱼苗下塘前 10 d,用生石灰 50～75 kg,作干法清塘,清塘后施肥,促进浮游生物生长。3 cm 以下的花鲈鱼苗的食物是浮游动物,刚经淡化、驯养的鱼苗,初期摄食池塘中的水蚤等生物,也可投喂水丝蚓、红虫、鱼肉浆等,尔后再用配合饵料与鱼浆混合投喂,每日投喂 2～3 次。饲育期间要经常仔细观察水质、鱼苗动态以决定投喂量,一般以吃完当天投入的饵料为度(为鱼体重的 5%～10%),以防投量过多而败坏水质。放养密度视苗种大小而定,刚出膜的放 60 万～150 万尾/hm²。

花鲈寻找食物主要依靠视觉,所以在投饵时应尽量引起鱼群注意。鱼苗能适应投掷或高抛入池的饵料,一旦饵料入池下沉池底,通常是不会再被摄取的。经饲养后,由于鱼苗生长的速度差异极大,饵料不足时,大鱼会吃小鱼,所以应每隔 15～20 d 拉网起捕 1 次,进行分级培育。在投饵中要十分注意,应按时分散投喂,摄食得均匀才能生长得均匀。

鱼苗培育期间还应注意,有时由于饵料残渣腐败分解及日光照射,易发生水绵等藻类大量繁殖。水绵大量产生时鱼苗常因被缠住而死亡,或夜间消耗氧气过多,使鱼苗因缺氧而死亡。对此,可以用遮光或换水的办法使水绵减少,但要防止池塘发生缺氧。

2. 水泥池培育

水泥池面积以 100 m³ 左右为宜,水深 0.6～1 m,放养密度视排灌条件和苗种大小而定,一般每平方米放养 3～4 cm 的苗种 30～40 尾。饲料以人工投饵为主,3 cm 以下的苗种投喂红虫、水蚤、水丝蚓等,3 cm 以上的还可以加投鱼浆及鳗饵、米糠、麸皮等饲料,花鲈依靠视觉捕食,因此要求水质清新,透明度大,要经常注入新水,保持充足的溶氧,只有饲喂好,才能生长快。也可以利用工厂化循环过滤池培育花鲈苗种,循环池系统包括过滤池、养鱼池和沉淀池三部分。过滤池可以用卵石、沙等过滤,水经过滤后流入养鱼池,水从养鱼池挡板溢出,经过出水道进入沉淀池,经沉淀、曝气再回到过滤池,将水循环使用,使水质指标稳定在要求范围内。这种流水循环培育,密度可以加大。一般以每平方米60~80尾为宜。工厂化培育苗种主要靠人工投喂,3 cm以下稚鱼以投浮游动物、水丝蚓、红虫等为主,3 cm以上的以投喂配合饵料为主。

3. 网箱培育

网箱可设在海区或淡水湖泊、水库等水体中,网箱规格以2 m×2 m×3 m或3 m×3 m×3 m为宜,即6~9 m³,深度3 m,上面加盖,网衣为无结节网衣,采用双层网衣,网目为0.6~1 cm,浮动式网箱。用毛竹或木头做框架,并作沉锤。网箱用于苗种中间培育最为合适,采用野生3~5 cm的花鲈苗,在驯养、淡化后放在网箱内,经过1~2个月培育,可达8~12 cm,再做成鱼养殖,可提高成活率。

4. 网围培育

在池塘中用网片围起,用于苗种中间培育,可以提高成活率,并能缩短养成周期。经试验,这是种苗培育的好方法,广东湛江水产学院于1993年在番禺名优水产苗种场进行过如下试验。

1) 试验场地

试验池3口,面积分别为1 534 m³、1 534 m³和2 334 m³。池塘内淤泥20 cm,水体pH 7.8~8.5,盐度0~3。

2) 网围设施和鱼种投放

网片材料是聚乙烯(网目0.6 cm,网高1.8 m),用大小不同的竹竿将网片围插在池中,使之呈长方形,网底部插入淤泥中20~30 cm,上端露出水面20~30 cm。3口池中网围面积为23 m×6 m、27 m×8 m、15 m×15 m。1993年3月下旬,将事先在水泥池中驯养培育的鱼种转入网围池饲养。1号池放养8 753尾(体长4~4.5 cm);2号池放养12 563尾(体长4.5~5 cm);3号池放养6 532尾(体长3~3.5 cm)。

3) 饲养管理

鱼种入池后,每天上午8时及下午3时各投饲1次,投饲持续时间及投饲量以鱼不再摄食或剩下少量食料为度,饵料采用冰鲜鱼制成鱼糜投喂。对各网围池定期换水,换水次数视水质而定,1 次换水量为池深的 20～30 cm,定时洗刷网片,使网衣不至于堵塞。每隔 5～7 d 在鱼糜中添加适量抗生素以预防疾病。

4)筛选分级培育

经过一段时间培育,对鱼种进行分筛,按不同规格分养。筛选分级培育在 4 月上旬及下旬共进行两三次。放入网围的不同规格鱼种经过 26～40 d 培育,出网围时规格达 7～12 cm。从 3～5 cm 培养到 8～12 cm,一般需 60 d 左右,而围网培育缩短了时间。因网围面积较大,水质较稳定,鱼种生长较快。网围分散培养成活率在 70%～80%,较一般池塘培养要高。

5. 培苗期间的日常管理

1)水质管理

花鲈喜水质清新,水体溶氧量充足,保持良好水质是培苗的重要工作,应加强巡塘,经常注入新鲜水,防止缺氧。

2)淡化与驯养管理

花鲈是广盐性鱼类,但繁殖要在海水环境中,不论是野生苗还是人工繁殖苗,都应经淡化驯养再进行培苗,这样可提高成活率。

3)防止自相残食

同一水域培育的苗种要求规格一致,培育一个阶段(15～20 d 后),要筛选,分级培育,以防止大鱼吃小鱼,自相残食。

4)投饵管理

要注意饵料的投喂,饵料要营养丰富,适口而新鲜。改变花鲈稚鱼食性要经过驯养阶段。定期、定点投饵,并要采用抛投方式投饵。

2.3 花鲈的成鱼养殖

花鲈能生活在淡水和咸淡水中,也能生活在海水中,因而养殖上也可分为淡水养殖及海水养殖两种。

2.3.1 淡水养殖技术

花鲈在淡水中养殖的方法多种多样,有池塘养殖、水泥池养殖,也有网围及网箱养殖,也可实施工厂化集约式养殖,因苗种来源不足及饵料成本较高,养殖规模还不能像家鱼及加州鲈那样大。许多养殖技术和方法仍在探索之中。

2.3.1.1 池塘养殖

花鲈在池塘中养殖,其方式也有多种,有套混在家鱼成鱼塘中饲养的,也有在亲鱼培育池中或老口鱼种池中混养的,也有池塘单养的。

1. 池塘混养

1)成鱼塘内混养

花鲈放在鲢、鳙、草鱼、鲫、罗非鱼等成鱼池中混养,利用鲈的掠夺性食性,以池塘中的小鱼虾作饵料,控制池中野杂鱼、虾和鲫、罗非鱼繁殖过剩,不需为花鲈投喂饵料,每公顷池塘放养 3~8 cm 规格的花鲈 300~450 尾,到年底花鲈普遍能长到 500 g,可收获上市,每公顷可产 150~300 kg。广东中山市有位养殖户,在 0.8 hm² 成鱼池中放养 4~5 cm 花鲈苗 500 尾,干塘时收获花鲈 164 kg,平均尾重 400 g,成活率达 90%,每公顷产量近 210 kg。成鱼塘混养花鲈,既能增产花鲈,又不影响其他鱼类生长。但要注意以下几个问题。

第一,应根据饵料情况确定放养密度。如果放养量太大,饵料不足,花鲈就会生长停滞,甚至自相残食,成活率低下;放养量太少,池中杂鱼多,尤其罗非鱼繁殖过多,又浪费了饵料,生产力也不高,不能发挥花鲈的作用。在不投喂饵料的情况下,以每公顷放养 300~450 尾为宜。池塘中如野杂鱼、虾较多,则每公顷可增加到 600~750 尾。如池塘内还养有罗非鱼,并且繁殖有较多的小罗非鱼,则可放养到 750~1 200 尾,但最多不能超过 1 500 尾,否则花鲈长不大。

第二,在成鱼塘中混养,花鲈鱼苗的规格不能比池中其他家鱼大。池塘混养时四大家鱼的规格一般应在 250 g 以上,鲫体长在 10 cm 以上,体重 500 g 的花鲈能捕食 50 g 的鱼种。花鲈鱼苗的规格应该大小一致,否则会自相残食。

第三,水质不能过肥,套养的池塘产量不能过高,以每公顷产 7 500 kg 左右的中低产池塘为宜。因为花鲈喜水质清新、溶氧丰富的环境,耗氧量比家鱼要高。当池塘水体溶氧量较少时,家鱼如已出现浮头,而花鲈多已昏迷。所以,保持水质清新,溶氧量充足,尤为重要。

2)家鱼亲鱼池塘内混养

可将 4~6 cm 的花鲈苗种套养在家鱼亲鱼塘内,每公顷放养 300~450 尾,全靠捕食池塘中的野杂鱼、虾,不必另补投喂饵料,到年底可长到 500 g 左右,成活率达 90％,如果池中野杂鱼、虾较多,或者另外投入补充饵料,放养数量可以适当增加。

2. 池塘单养

1) 养殖池的要求

鱼池应建在水源充足、水质良好、排灌方便、交通便利的地方。花鲈对环境条件要求较高,特别是对农药、有毒物质、化学药品抵抗力较其他养殖鱼类差,对环境变化十分敏感。水源应防止有工业污水和农田排水的灌入。鱼池面积以 $0.067\sim0.133\ hm^2$ 为宜,水深 $1\sim2\ m$,池堤应高出水面 30 cm 以上,最好用砖石或混凝土砌成。池底要向排水口倾斜,以便于排干池水。

2) 放养前池塘的准备

池水排干后要用生石灰($750\sim1\ 125\ kg/hm^2$)或漂白精($150\sim300\ kg/hm^2$)清塘,经过消毒,可以杀死池中病菌、病毒等有害微生物,防止在养殖期间水草、水绵等生长,以免阻碍池水流转及夜间消耗水中的溶氧,使花鲈浮头甚至死亡。

3) 鱼种放养

放养密度与池塘水交换条件及池塘大小有关,池水交换条件较好的水池,放养密度可适当提高,以每公顷放养 $3\sim5$ cm 花鲈种苗 45 000～75 000 尾,10 cm 以上的每公顷放养 12 000～22 500 尾为宜,后者养至年底收获时平均体重可达 200～450 g,每公顷可产 3 000～6 000 kg。

4) 严格消毒,预防疾病

花鲈生性娇嫩,捕捞时极易碰掉鳞片或擦伤鱼皮,甚至碰伤身体而造成死亡,受伤或掉鳞后容易感染水霉而造成死亡。花鲈种苗下塘之前要进行严格消毒,可以用 10～20 ppm 的高锰酸钾液药浴花鲈苗种 10～30 min,也可用 2％～4％氯化钠溶液浸泡 5～10 min。

5) 日常管理

花鲈生长的好坏,除与环境条件、饲料质量有密切关系之外,与养殖中的日常管理关系也很大。管理工作可以归纳为"一投、二查、三防、四措施"。

"一投"就是要特别注意饵料的投喂。花鲈是上层鱼类,摄食时十分活跃,饵料一投入池中就被抢食,但当饵料沉至池底,就再也不能被摄食了。最好一开始就把鱼种放入网箱中进行驯饲。投饵时击池壁或击拍水面,使花鲈形成条件反射。要分批慢慢投喂,1 次不宜投得太多,等吃完后再投,看到鱼不再抢食时即停止投饵。待鱼群已习惯于吃投喂的饵料时,就除去网箱,在池中投喂。花鲈摄食量受水温影响,应根据水温增减投喂次数和饵料数量。3月底至4月初,水温从4～7℃继续回升时,花鲈便开始少量摄食,此时应及时少量喂食。4月中旬,池塘水温升至10℃以上,花鲈已进入正常摄食阶段,随着水温上升应及时增加投喂次数和饵料数量,每日投喂2～4次,日投喂量为花鲈总体重的12％～18％,水温达到15～30℃时是花鲈快速生长期,日增重可达1.5～3 g,这是提高规格和产量的关键时期,应认真抓好投喂工作。随着鱼体长大,水温慢慢下降,投喂量也要相应下降,水温降至7℃以下时,只投喂花鲈总体重1％～3％的饵料。除水温以外,投喂量还应根据花鲈的食欲、水质、天气和健康状况随时予以调整。

"二查"是观察池塘的水质变化。加强早、晚巡塘。7～8月随着池内生物量的增加及池底的残饵粪便和污物增多,池水极易恶化,应加大换水量,保持池水清新。夏季白天池塘内有浮游植物进行光合作用,一般不会缺氧;夜间浮游植物不能进行光合作用,不会产生氧,相反因呼吸而要消耗氧,因此,在清晨3～4时水中溶氧量最低,往往会因缺氧而浮头,甚至泛塘而全部死亡。因此,要在此时加强巡塘,开启增氧机或注入新水,以增加水中溶氧量。同时还要注意抑制蓝藻繁殖,以免影响水质。pH的变化可用生石灰调节,生石灰不但能调节pH,还能杀死病原菌,经常泼洒,有益无害。

"三防"就是预防疾病发生,及时处理病鱼。最好的办法是:彻底清塘;下塘鱼种先消毒;拉网起捕要轻稳,避免碰伤鱼体;保持池水清新,食饵新鲜不变质。

"四措施"是根据以上"一投、二查、三防"中发现的问题及时采取有效的措施予以解决,确保花鲈养殖成功。

6) 越冬

当年鱼苗养至年底,有部分能达到商品规格,可捕捞上市,有的还未达到商品规格,需要越冬饲养。花鲈生存水温是2～34℃,2℃以下就会冻死。据资料记载,花鲈安全越冬水温是2℃以上,短时间最低水温不得低于2℃。南方地区,只要水温能达4℃以上,即可在土池越冬,目前尚未见到北方花鲈养殖在室外土池越冬成功的报道。花鲈越冬养殖可采用以下几种方法。

第一,室内越冬。利用对虾、海带、河蟹等室内育苗池,有透明玻璃瓦屋顶,白天太阳光照射,使池水温度升高,夜间用草帘遮盖保温。在特别寒冷天气时,烧煤炉提温,使池水保持在 2℃ 以上。在室内用海水或淡水都能安全越冬。

第二,塑料大棚越冬。越冬池建成长方形,东西向,池面积 0.067~0.133 hm²,池水深 2.5~3 m,有进排水设施。建池挖出的土应在池的北面和西面堆成高 2 m 左右的挡风墙,再在挡风墙上搭建风障。越冬池上搭建北高南低的一面坡塑料大棚,棚顶开透气孔盖两层厚草帘,晴天将草帘卷起,让阳光照射,使池水温度升高。遇大风、阴冷天气或雨天,夜间放下草帘,防风保温,越冬池水温保持在 2℃ 以上。天气过冷,可在棚内烧煤炉升温。有条件的可在池内安装增氧机,定时增氧。

第三,纯淡水越冬。纯淡水的冰点是 0℃,水最大密度时的温度是 4℃。池水深 3 m 时,池水表面结冰后,水下温度仍可保持在 4℃ 左右,花鲈基本可以越冬。池水表面结冰之后,在池塘表面冰层上要经常打洞,以增加水中的溶氧量。11 月下旬在水温降到 10℃ 左右时,花鲈移入越冬池。越冬密度,室内池可高些,一般每平方米 15~30 尾,室外越冬池每平方米 5~10 尾,越冬期要定时测量水温,水温合适时可投喂,以增强鲈抵抗力。要经常巡塘,发现水温下降,池鱼浮头或其他异常现象时,要立即升温、换水或开启增氧机,及时抢救。

2.3.1.2 网箱养殖

花鲈也适合于网箱养殖。可采用浮动式网箱,网衣可用无结节网衣,网底四角穿绳子固定在框架上,用 2 m×3 m×3 m 或 3 m×3 m×3 m 或 4 m×4 m×3 m 规格的网箱,上面盖有网盖。放养初期,采用双层网衣,以后随着鱼体增大,可改换网目为 4 cm 的单层网衣,网箱一般可设置在水库、河流、湖泊中,放置在深水区并有流动水的水域。放养密度可控制在每平方米 20~30 尾。投饵量视鲈的摄食强度而定,一般按鱼群总重的 2%~15% 投喂,并根据水质、潮流及水温的变化适当增减。夏秋季 1 d 投饵 2 次,冬春越冬期,隔天或隔 2 d 投喂 1 次,投喂方式均为撒投,饲料以野杂鱼、鲜冻小杂鱼、虾及配合饲料为主,因地制宜采取合适的饲料。要注意饲料的适口性、营养价值和新鲜度。网箱管理工作,还包括清除池中残饵、换箱、洗箱、防台风、防洪等工作,应根据具体情况做好这些工作。苗种下池后经一段时间培育,要及时筛选分箱培养,做到规格整齐,以免自相残食,以提高成活率。养得好的话,10~16 个月可以养成商品规格花鲈,每立方米水体产量可达 10~15 kg。

2.3.1.3　网围养殖

花鲈可以进行网围养殖。在池塘、水库及湖泊底部有较厚的淤泥处设置网围,网围用聚乙烯网(网目 0.6~1 cm,网高 1.8~2 m),以竹竿把网衣围插在水域中,将网片底部埋入淤泥 20~30 cm,网片固定在淤泥中或用沉子和石块固定,上端露出水面 30~40 cm,面积可小可大。把事先培养好的花鲈鱼种放养入网围内。在饲养管理中,要注意投喂充足的饵料,要注意防逃,要注意水位变化和水质变化。面积较大的网围花鲈可捕食水中的野杂鱼,以补充饵料;面积较小的网围在鱼种入池后,每天上午 8 时及下午 3 时各投喂 1 次,投饲持续时间及投饲量以花鲈不再摄食或剩少量饵料为度。要经常观察巡视网围有无漏洞,防止逃鱼,有台风和洪水的季节,应随时注意水位的变化。

2.3.1.4　工厂化养殖

利用工厂化养鱼设备及鳗鱼池、育苗池进行花鲈养殖,可提高生产效益。鱼池面积以 50~150 m³ 为好,池深 1.8~2 m,养殖水深 1.2~1.4 m,具有可使水质循环净化、调温及充气的设备,可以养花鲈苗种也可以养成鱼,养殖方式 1 季养成或 2 季养成均可。2 季养成,在当年冬天放养大规格花鲈鱼种,到翌年 5~6 月养成商品鱼上市,接着在 6 月放养花鲈鱼苗,到年底养成为商品鱼。工厂化养花鲈,因可以控制鱼池环境温度,延长了生育期,生长快,产量相应提高。在养殖管理上也是要抓好投饵、水质管理及疾病防治工作。

2.3.2　海水养殖技术

2.3.2.1　港湾养殖

港湾养殖,简称"港养",即利用天然海湾、港汊或盐碱洼地,辟滩开沟、挖渠设闸构筑养殖场地。养殖场水体面积大小不等,小者 6 hm² 左右,大者可达 600 多公顷。港养在北方应用较多,如辽宁、山东、河北、天津等的沿海水域。

1. 养殖港基本结构

利用天然港湾筑堤拦海构建海湾养殖港,或利用河口沿岸水域围筑成养殖港,也可利用盐碱滩涂筑堤修坝、辟滩开沟,构建养殖港。围港四周堤埂高出水面 1 m,堤顶宽 2 m,坡度 30°~35°。港内小堤(埝),高出水面 0.5 m,顶宽度不定。养殖港内挖中心沟、清水沟和边缘沟各 1 条,由中心沟和清水沟分出若干横沟,再由横沟分出许多支沟。中心沟宽 7 m,深 1 m,用于引潮水入港和纳苗。

清水沟宽 3～4 m,深 1.5～2 m,保持沟内水质清澈,水温恒定,供鱼虾作避护场所。横沟、支沟纵横交错,以利鱼虾上浅滩索饵。边缘沟用于调节水质和水量。支沟之间设平台(滩),是鱼虾摄食和游戏场所。纳潮闸(大闸)高 1.5 m,宽 2～3 m,与中沟进水端相连通,用于纳水和纳花鲈鱼苗。旱闸高 1.5 m,宽 1.5～2 m,设于清水沟之近河端,供安置流箔捕捞鱼虾用。放水闸高、宽各 1 m,与边缘沟相连接,用于排水或诱苗之用。

2. 港湾养殖方法

1) 纳苗诱苗

4 月开始,对全场设施进行大检查和维修,进行清港溜沟,打开大小闸门,反复引水进港,进港内的污物可用流水的冲刷作用清除,以疏通大小沟渠。从 6 月上旬到 7 月上旬为纳苗诱苗进港时期。根据鱼苗个体大小和游泳能力强弱及喜温趋流习性采用不同方法引苗入港。包括大闸进潮"纳苗"、小潮倒流"诱苗"和双闸倒流"吊苗"。引苗入港是一项技术性很强的工作,全凭闸门操纵技巧和个人的经验。

2) 日常管理

从 7 月上旬进入养殖管理期,养殖期约 3 个月,主要是调节港内水质和维护堤闸防鱼逃失。观察水色,根据鱼、虾活动及摄食情况,要适时进水或排水。发现水呈褐红色、味苦发涩时,一定要排出旧水,注入新水,在进水同时也可引入一些鱼、虾等饵料生物,增加水体肥力。清水沟应始终保持水深 1.5～2 m。施肥培养饵料生物,检修堤埝也是管理的重要工作。

3) 港养鱼类组成

开闸纳苗诱苗进港鱼、虾种类与海区水情有关,据调查入港鱼虾达 30 多种,以鲻类数量最多,其次是花鲈、鰕虎鱼、班鰶和鳂等。花鲈以港内小型鱼、虾为饵,效益较高,成为港养的主要对象。

4) 捕捞

中秋之后开始捕捞,捕捉鱼、虾、小杂鱼之后,对花鲈另做处理。

5) 越冬

除当年能上市的花鲈外,还有大批小规格鱼种,需继续饲养。海水不易结冰,池面缺乏保温层,如在清水沟中降低盐度,使相对密度降至 1.003～1.005,水深在 1.5 m 以下,花鲈就能顺利度过越冬期,到翌年早春冰融化时,留心观察鱼类活动情况。

2.3.2.2　鱼塭养殖

鱼塭养殖类似港湾养殖,在沿海河口地带人工围筑出一片咸淡水或海水鱼塘。面积有大有小,从几十公顷到数百公顷都可以。此法主要在广东、广西、福建、台湾等沿海地区应用。

1. 鱼塭基本结构

四周筑起塭堤,近河口设一大闸,其侧挖一深潭,由深潭引出左、中、右 3 条水沟,贯穿塭之始末,近潭端的沟宽且深,至塭末端沟渐小渐浅,有的鱼塭还挖有边缘沟和支沟。

2. 养殖方法

1）晒塭

11～12 月为休养期,应排水晒塭,耕耘池底,清塭灭害,促进淤泥中的有机物分解以增加鱼塭肥力,并进行修堤疏沟。

2）纳苗诱苗

引苗入塭的原理和操作方法同港养,不同之处是在闸门上挂锥形囊网代替港养用的流箔作防逃设施。涨潮时提开上部闸板,让塭内水徐徐外溢,诱鱼苗进入闸门口附近,待闸外水位接近塭内水位时,河堤开启部分闸板让水外流,鱼逆河而上,跃过闸门,进入鱼塭。诱苗效果的好坏,取决于水流量和流速的情况。

3）养殖管理

鱼塭养殖方式是原始、落后、半渔半养的粗养方式,管理期间的关键工作在于对闸门的巧妙控制。操作技巧对鱼塭产量影响极大,每个大潮汛期,都可进行排水、注水,多时 1 个月换水达 20 多次,这有利于调节鱼塭水质,增加塭内的饵料生物量和水体肥力,并可周年纳鱼苗进塭。

4）养殖品种组成

自然纳苗进塭的鱼、虾品种较多,达 70 多种,尤以鲻类为多,其次是花鲈、黄鳍鲷等。

5）捕捞

捕捞分小收和大收。小收结合鱼塭排水,在闸门上张网捕捞,作业时间安排在黄昏和夜间。另一捕捞方法称作"冲鱼",涨潮时在闸外插一道平网,内侧安锥形囊网,待闸外潮面高出塍内水位时,提开闸门注水入塍,鱼类进入囊内即可捕捉。大收每年1~3次,在春节前后,用挂网捕捞。鱼塍产量年每公顷达105~240 kg,最高可达1 500 kg。

2.3.2.3 盐田或对虾塘养殖

1. 盐田贮水池养殖

利用盐场中的贮水池养殖花鲈,天津已有相当久的历史了。贮水池有大小,六七公顷到几百公顷不等,水深1 m左右。养殖品种以鲻、花鲈为主。养殖管理与"港养"相似,每公顷可产150 kg。

2. 利用对虾池养殖

近年由于虾病,许多对虾池塘闲置不用,可用来养殖花鲈,投喂新鲜小杂鱼、虾及冰冻杂鱼、虾,经驯饲后的花鲈可投喂配合饲料,能得到较好的经济收益。

2.3.2.4 海水网箱养殖

以上的港养、鱼塍、盐田等养殖,均是粗放养殖,一般不能控制养殖的品种,依靠自然纳苗,低值鱼占多数,又不能有效地进行投饵管理,产量不高,经济效益低下。如采用集约化的网箱养殖,能够收到较好的效果。舟山市水产研究所曾进行过网箱养殖花鲈试验,取得了一定的成绩。

1. 网箱养殖区的环境

网箱设在六横岛台门港内靠近通海闸门的狭水道,潮流畅通,底为泥沙质,平均水深13 m。潮差4 m,海区全年水温变化在7~27℃;海水相对密度1.013~1.023。夏、秋季海水透明度为60~200 cm,冬春季海水透明度仅15 cm。

2. 网箱结构及规格

采用浮动式网箱,网衣为无结节网衣。网箱底部用镀锌箱框将网衣张开,并系上沉锤。框四角各穿1根3×140股聚乙烯绳,把网衣固定在木质框架上。放养初期,采用双层网衣,以后随着鱼体长大,换用网目4 cm的单层网衣。

3. 养殖方法

1) 苗种来源

养殖的花鲈鱼种为野生苗种。

2) 日常管理

投饵量视花鲈摄食强度而定,一般按鱼体总重的2%~10%投喂,并根据水色、潮流及水温的变化,适当增减。夏秋季 1 天投饵 2 次,冬季越冬期,隔 1 d 或 2 d 投喂 1 次。投饵方式均为高抛撒投。饵料为鲜活鱼,冬季也投喂冷冻鱼。注意适时换箱、洗箱及防台风等。可依网箱上附着生物的多少及花鲈生长情况决定是否换箱。

3) 成活率及产量

饲养 16 个月,收获成鱼 101 尾,总重 58 kg,平均尾重 574 g,体长 33.18 cm,成活率 27.3%,饲料系数为 19.6。

2.3.2.5 海水工厂化养殖

利用对虾、河蟹、海带等育苗池或工厂化养鱼设备进行花鲈养殖,其鱼池面积以 50～100 m³ 为宜,应水质清新,具有调温、充气的设备。进行海水花鲈工厂化养殖,由于水质和水温能保持相对稳定,如投喂适当,生长一般较快,经 6～8 个月的饲养,可达商品鱼规格。在养殖管理上:一是放养的花鲈鱼苗规格要一致,采取分级按大小分池养殖;二是饲料营养丰富、鲜度好、数量足,并且要注意科学投喂;三是注意水质管理,残饵及粪便要定期清除,适时增氧、换水,保持水质清新及溶氧量充足;四要注意疾病的防治工作。

2.3.3 驯养

采捕的野生花鲈鱼苗种进行人工养殖,从海水环境转到淡水环境中养殖,从活饵料转到死饵料或配合饲料为食,都要有一个驯养驯饲的过程。

2.3.3.1 淡化驯养

从自然海区采捕的花鲈苗种,不能直接放到淡水池内养殖,首先应暂养在相当于原来海区的盐度水体中,以后逐步淡化,分 3～4 次驯养,最后达到使用纯淡水。驯养过程不能操之过急,要循序渐进。人工繁殖的苗种,在苗种培养过程中已经过淡化驯养不用再次进行淡化驯养。

2.3.3.2 驯饲

花鲈的摄食量大,自然状态下,1 次摄食量至少应占总体重的 5% 以上,甚至高达 12%,在适口饲料缺乏时空胃率很高。在驯饲开始时,花鲈尚未习惯摄食人工饲料。放养的第 1 天一般不投饵,第 2 天开始驯饲。开始时投喂红虫(枝角类)。红虫不能 1 次投入池中,要待花鲈摄食完后再投撒。红虫缺乏时也可投喂水丝蚓,但效果较差,要待花鲈苗饿了、胃空后再开始投撒。投喂的水丝蚯需用 100 ppm 高锰酸钾溶液消毒,投喂时可以撒入水中,也可置于食台上。食台可用搪瓷盘或铝盘,沉于水底,1 天投饲量可 1 次放于食台中。此外,也可用蝇蛆及切碎的鱼、虾开食。池中花鲈集群,密度高,争食激烈,摄食量大,食性转变也快。如花鲈稚鱼少,密度稀,则首先要使鱼集群,形成定点摄食的习惯。在投饲时要逐步把鱼引到一起,晚上可采用光诱,在水面 1 m 处挂 1 只 200 W 的灯泡能把 40% 的花鲈诱集过来,或者在白天投喂之前敲击池边、拍击水面以形成条件反射。

喂红虫的投饲率第 1 天为鱼总体重的 1.5%,以后视情况而逐步增加,到第 4 天可增加到 10%,第 5 天开始逐步添入配合饲料,每天增添量为投饲率的 20%,一般在第 10 天便可以基本上用配合饲料取代活饵料了。为防止饲料散失,饲料中应酌情加入一定量的黏合剂(羧甲基纤维素)。待花鲈稚鱼逐渐习惯摄食配合饲料后,就可以进行正式饲养。

花鲈喜食面团状饲料,不爱食晒干的颗粒饲料,饲料要现做现喂。投饲次数开始时每日 4~5 次,随着鱼体长大可改为 2 次投喂。据试验,配合饲料的日投饲量是:鱼体重在 2~20 g 时,投饲量为鱼总体重的 5%~10%;鱼体重在 20~50 g 时,投饲量为鱼总体重的 2%~5%;鱼体重在 50 g 以上时,投饲量约为鱼总体重的 2%。

2.3.4　饲料的来源

养好花鲈的关键是要有营养丰富的适口饲料。饲料的来源有以下几方面。

2.3.4.1　活饵料鱼

利用鱼种塘培养鲢、鳙、草鱼苗作花鲈的饵料;也可在花鲈池内套养一些罗非鱼和放养一些抱卵青虾等,繁殖的罗非鱼和小虾,作花鲈的饵料;捕捉小杂鱼也是解决花鲈饵料的好办法。

2.3.4.2　冰冻鱼虾

可用冰冻杂鱼、虾经过处理加工成小块适口的饵料。但是冰冻鱼、虾要新鲜,并要经过消毒,以免花鲈得肠胃炎。

2.3.4.3　配合饲料

配合饲料有较全面的营养成分,易于保存,花鲈增长快,且可及时供应。配合饲料的营养成分包括蛋白质、脂肪和糖类,此外还要加进维生素、无机盐、药剂、抗生素、黏合剂和引诱剂等。鱼用配合饲料以鱼粉为蛋白质的主要来源。脂肪添加量无一定标准,可采用植物油脂或鱼脂肪等。植物性原料含糖量高,蛋白质含量低,鱼类对糖类的需要量不多,容易得到满足。鱼类对维生素需求不尽相同,这要依据各种鱼的本身要求来决定。花鲈的配合饲料据上海市水产研究所的试验,粗蛋白含量以 50% 为宜,还可以使用鳗鲡的饲料配方。为提高花鲈的养殖效果,必须加强其配合饲料的研究。

2.4 花鲈的营养需求

2.4.1 蛋白质和必需氨基酸

蛋白质是生命的物质基础,是所有生物体的重要组成部分,在生命活动中起着重要的作用。花鲈对蛋白质的需求较高,这可能与其食性有关。

林星(2013)探讨了配合饲料中不同蛋白质水平对鲈生长的影响。试验设 5 组,配合饲料组的蛋白质梯度分别为 34.76%、37.54%、39.85%、42.34% 和 45.03%。在水温 23~26℃ 的条件下,经 75 d 的试验得出:蛋白质含量为 39.85% 的配合饲料组,鲈的相对增重率、特定生长率、饵料转化率等试验指标均最佳。经回归方程分析,鲈配合饲料中蛋白质最适含量为 38.87%~41.50%。

陈壮等(2014)以鱼粉和酪蛋白为蛋白源配制粗蛋白含量为 35.1%、40.3%、44.7%、49.7% 及 55.5% 的 5 组饲料,测定初始体重为(34.15±0.33)g 的花鲈最适蛋白质需要量,结果认为花鲈成鱼饲料中蛋白质适宜含量为 45.00%~45.89%。

目前,有关花鲈对氨基酸需求的研究还很少,未见有关报道。但由于鱼类肌肉蛋白质氨基酸组成和氨基酸的需求量一致,因此可以借助对鲈肌肉氨基酸的组成的分析来推算花鲈对氨基酸的需求量。郑重莺等(2003)用柱后衍生高效液相色谱技术测定鲈肌肉氨基酸的含量(表 2-6),分析了其氨基酸的种类及比例(表 2-7),并对它的营养成分进行了评价,结果表明,鲈鱼肌肉中氨基酸总量比例为 1.308%,其中呈味氨基酸含量高达氨基酸总量的 42.5%。

表 2 - 6 鲈鱼体肌肉氨基酸含量

氨基酸种类	平均含量/(mg/g)	氨基酸种类	平均含量/(mg/g)
天冬氨酸	1.43	异亮氨酸	1.11
苏氨酸	0.63	酪氨酸	0.42
丝氨酸	0.60	苯丙氨酸	0.57
谷氨酸	2.60	赖氨酸	1.15
脯氨酸	0.22	组氨酸	0.29
甘氨酸	0.68	精氨酸	0.90
丙氨酸	0.85	总量	13.08
半胱氨酸	0.04	必需氨基酸总量	5.96
缬氨酸	0.61	呈味氨基酸总量	5.56
蛋氨酸	0.42	鲜味氨基酸总量	4.03

注：鲜鲈的肌肉共检出 17 种氨基酸,其中色氨酸在酸水解过程中已被破坏,羟脯氨酸在鱼体内含量低于检测线,故检测不出

表 2 - 7 鲈肌肉中必需氨基酸组成比例

氨基酸	赖氨酸	异亮氨酸	精氨酸	苯丙氨酸	苏氨酸	亮氨酸	缬氨酸	蛋氨酸	组氨酸
组成比	3.96	3.83	3.10	1.96	2.17	1.96	2.10	1.44	1.00

鱼类从饲料中获得的蛋白质,被消化成肽、氨基酸等小分子化合物才能被吸收转化为鱼体本身的蛋白质。Chang 等(2005)对鲈不同饲料中各营养元素的消化系数进行研究发现,在脂肪和蛋白质的表观消化率中,鱼粉最高,达到83.96%;棉籽粉最低,为 16.99%。而其中的 16 种氨基酸表现出与蛋白质相同的表观消化率,证明了氨基酸的利用价值。除组氨酸、蛋氨酸、缬氨酸外,肉骨粉中其他各氨基酸表观消化率低;含油种子中含硫氨基酸的利用价值比其他的氨基酸低;组氨酸利用价值在鱼粉中最低,苏氨酸在肉骨粉中的利用价值最低。

2.4.2 脂肪和必需脂肪酸需求

脂肪是鱼类生长所必需的一类营养物质,是生命代谢过程中的第二大营养物质,为鱼体提供能量和必需脂肪酸,促进脂溶性维生素的吸收和在体内的运输,节省蛋白质,有多种生理作用。饲料中脂肪缺乏或含量不足,可导致饲料蛋白质利用率下降,花鲈代谢紊乱,同时还可发生脂溶性维生素和必需脂肪酸缺乏症。窦兵帅等(2013)探讨了人工配合饲料中脂肪对鲈幼鱼生长的影响,对各

试验组幼鱼肝组织中的脂肪含量进行了比较。经 10 周试验养殖,结果表明,鲈中、后期配合饲料中脂肪的含量为 7.22%～10.5% 时较适宜。

徐后国(2013)以初始体重为 9.48 g 的鲈幼鱼为研究对象,以鱼粉、豆粕等为主要蛋白源,以小麦蛋白粉为主要糖源,研究了 DHA/EPA 对鲈幼鱼生长性能、免疫力及机体脂肪酸组成的影响,结果表明,饲料中适量的 DHA/EPA 值(1.53～2.44)能显著提高鲈幼鱼的生长、免疫功能和抗应激能力。以特定生长率为评价指标,采用二次曲线分析,得出鲈幼鱼配合饲料中最适比例为 2.05。同时,他还研究出饲料中 ARA 水平在 0.22%～0.56% 时,鲈的生长性能和非特异性免疫力能得到的显著提高。

脂肪作为主要能源,在配合饲料中起着重要作用,也是脂溶性维生素不可缺少的溶剂,开展鲈配合饵料脂肪需求量的研究,对节约蛋白质含量、降低饵料成本具有实际意义。有研究表明,配合饵料中蛋白质含量 38.58% 和脂肪含量 11.65% 的试验组鱼体相对增重率和饵料系数优于蛋白质含量 43.62% 和脂肪含量 11.95% 的试验组,但仍然差于蛋白质含量 43.62% 和脂肪含量 9.79% 的最佳搭配组。在脂肪过剩(11.95%)的情况下,降低部分蛋白质,会提高鱼体生长率,减少饵料耗费;在降低蛋白质含量情况下,适当增加脂肪含量可以代替被作为能源消耗的部分蛋白质,弥补配合饲料中蛋白质的不足,达到提高饵料效率,减少饲料费用的目的。

Ai 等(2004)对鲈幼鱼蛋能比(P/E)进行研究,在平均体重为(6.26±0.10)g 幼鱼日粮中分别添加 3 个水平蛋白质(36%、41%、46%)和脂肪(8%、12%、16%)的 3 个水平,蛋能比在 19.8～28.6 mg/kJ,在水温 26～32℃,盐度 32～36,溶氧 7 mg/L 的条件下,结果显示生长率明显受蛋能比的影响。在 46% 蛋白质水平下 12% 和 16% 脂肪含量组有较高的生长率(SGR),其为 4.2%;但在 41% 蛋白质水平和 12% 脂肪水平也有 4.20% 的增长率和较高的蛋白质效率(PER);在存活率上各组没有差别,41% 的蛋白质含量和 12% 的脂肪含量在 25.9 mg/kJ 的蛋能比最合适。

2.4.3 糖类

糖类是重要的能量物质,是动物体内含量仅次于蛋白质和脂类的第三大有机化合物。但由于鱼类对碳水化合物的代谢能力极差,因此鱼类对糖的利用能力极其有限,尤其是肉食性鱼类。此外,鱼类对饲料中的粗纤维几乎不能消化利用,饲料中糖类含量过高,对动物生长不利。周立红等(1998)在花鲈饵料研究中用的试饵中含面粉 7%。在花鲈饲料生产过程中,原料都要经过制粒前的高温调质处理使淀粉充分糊化,这样既提高了糖类的利用率,同时又起到黏结作用,提高了颗粒的水稳定性。

2.4.4　维生素和矿物质需求

维生素虽不是构成动物体的主要成分,也不提供能量,但它对维持动物体的代谢过程和生理机能,有着极其重要且不能为其他营养物质所代替的作用。鲈所需的维生素主要来自饵料。

张璐(2006)对不同生长阶段鲈的维生素需求进行了研究,单因子试验结果表明,以增重率为指标,初始体重为(10.20±0.14)g 的幼鱼对饲料中维生素 A 的需求量为 3 546.6 IU/kg;初始体重为(2.26±0.03)g 的幼鱼对维生素 D 的需求量为 431.0 IU/kg;初始体重为(10.20±0.14)g 的幼鱼对维生素 E 的需求量为 55.8 IU/kg。

花鲈对矿物元素需求的研究不多,王远红等(2003)对 5 个海域中国花鲈的矿物质及微量元素含量的分析结果表明,不同海域的中国花鲈钾、钠含量最高,其次为磷、钙、镁。微量元素中锌、铁含量较高,其次为铜、锰,铬、铅较低。周立红等(1998)在花鲈饵料研究中用的试饵中含钙、磷分别为 2.48% 和 2.29%。林小勇(2011)以增重率为指标,得到在水温(28±1)℃,溶解氧大于 5 mg/L 的条件下,花鲈幼鱼[(23.55±0.17)g]对饲料中磷的适宜需要量为 1.71 g/kg。

2.5　花鲈的病害防治

研究表明,能够诱发花鲈疾病的因素是多方面的,是各种复杂因素相互作用的结果。因此,鱼病的防治工作应是综合发挥有利鱼类健康的因素,避免和消除有害因素。

实践证明,鱼病一旦发生完全靠药物治疗是难以奏效的。因此在鱼病防治方面应始终贯彻"全面预防、积极治疗、无病先防、有病早治"的方针。

2.5.1 疾病的预防

花鲈疾病预防包括育苗期间、苗种培育期间和养殖期间的全面预防。

2.5.1.1 育苗期间病害的预防

育苗池在使用前应将池壁、池底洗刷干净,并用大剂量的漂白液或高锰酸钾溶液充分浸泡消毒。育苗用水需经沉淀沙滤。育苗过程中要及时清除死苗和残饵。育苗期间投喂的鲜活饵应彻底洗净,用浓度为 1 mg/L 的含氯消毒剂浸泡、洗净后再用。鱼苗运输过程中,为防止鱼体受伤感染病菌,在水中加浓度为 8~10 mg/L 的青霉素、链霉素。

2.5.1.2 鱼种培育和成鱼养殖期的病害预防

1. 鱼种培育

(1) 鱼池清塘:鱼种放养前要清池。

(2) 鱼池消毒:鱼种入池前,应将池塘进行药物消毒。较为普遍采用的方法有:生石灰清池;生石灰与漂白粉混合清池;鱼藤精、茶子饼清池。

(3) 使用优质饵料,提高抗病能力。目前鲈养殖采用的饵料多为鲜冻杂鱼,也有少量配合饵料。应严禁使用腐败变质的杂鱼虾。

在配合饵料的制作上应充分注意各种营养成分、维生素、微量元素的搭配,以满足鱼类生长的需要从而提高鱼类自身免疫能力,减少疾病的发生。

(4) 加强水质管理:水质优劣的影响因子主要有溶氧量、盐度、pH、生物耗氧量、有机物耗氧量、铵态氮(NH_4-N)、硫化氢、二氧化碳、亚硝酸盐、磷酸盐、碳酸盐等的含量,以及浮游生物、细菌、原生动物和各种污物的含量等。

2. 成鱼养殖期的病害预防

水质与鱼类健康、鱼病发生有极为密切的关系。因此,应采取以下几方面的管理措施。

(1) 控制适宜的放养密度。

(2) 适宜的换水量:一般每天加新鲜海水 10~30 cm。

(3) 定期药物预防:每隔 10~15 d 施生石灰 1 次,每次每亩用量 15~25 kg。全池泼洒硫酸铜或硫酸铜与硫酸亚铁合剂,使池水浓度达 1 mg/L。每10 d 投喂含糖萜素的食饵。

2.5.1.3 越冬期的病害预防

首先是鱼种入池前应先将越冬池彻底清洗消毒,入池时将鱼种以质量分数为 10 mg/L 的高锰酸钾溶液药浴 10 min,每 10 d 以含氯消毒剂全池泼洒一次,进行鱼体消毒。一般每隔 5～7 d 投药饵一个疗程(所用药物和剂量同养成期)。一般疗程为 3～5 d。

2.5.2　病毒性疾病的防治

花鲈的病毒病有疱疹状病毒病和淋巴囊肿病。

2.5.2.1　疱疹状病毒病

病原　疱疹状病毒(LD)。

症状　病鱼头部、躯干部、尾部、鳍和眼球等表面形成潜在的小水疱样异物,多者集合成块状。这种水疱样异物是被巨大化了的疱疹病毒细胞,病鱼游动、摄食正常,一般不直接造成死亡,但影响鱼的商品价值。

流行情况　此病一般在初夏或夏季的高水温期发生,到水温下降期消失。

防治方法　目前尚无有效治疗方法。患此病期间避免分池、倒池、分选等。不要移动病鱼网箱,以防止其继续传播。此病一般几个月后可自愈。

2.5.2.2　淋巴囊肿病

病原　鱼淋巴囊肿病毒(LD)。

症状　患鱼头部、躯干部皮肤、鳍及尾部产生单个或成群的小珍珠状或水泡状肿胀物,单个的淋巴囊肿 0.5～0.75 mm。也偶见于鳃丝、咽部、肠壁、肠系膜、肝、脾和卵巢。患处肥大的淋巴囊肿细胞随着增大而纤维化,终至皮肤上肿胀物浓密到呈砂纸状,或在鳍或尾上形成 2 cm 大的带蒂疣状肿物。

流行情况　淋巴囊肿病是一种慢性病,流行于高温期,不致死。

防治方法　尚无有效的药物治疗方法。其预防是尽量早期发现,彻底捞除病鱼、死鱼,防止感染其他健康鱼。

2.5.3　细菌性疾病防治

花鲈的细菌性疾病主要有肠炎病、皮肤溃烂病、类结节病和真菌病。

2.5.3.1　肠炎病

病原　因饵料腐败或含脂量过高、消化不良而引起。

症状　病鱼食欲减退、散游,继而鱼体消瘦,腹部、肛门红肿,且有黄色黏液流出。解剖观察,胃肠内无食物并有黄色黏稠物质,肠壁充血呈暗红色。

流行情况 一年四季均可发生,但以高温季节发病率较高。注意观察,及早治疗避免大批死亡。

防治方法 饵料严格把关,禁止投喂腐败变质的饵料。定期投喂药饵,可有效防止此病发生。发现此病可投喂用 0.5 kg 大蒜头加小苏打制成的药饵。

2.5.3.2 皮肤溃烂病

病原 捕捞、搬运等操作不慎致使鱼体受伤、鳞片脱落,导致细菌感染。

症状 鳞片脱落部位皮肤充血、红肿,进而溃烂,病鱼食欲减退、散游,逐渐消瘦死亡。

流行情况 多发生于春、秋季节,种苗捕捞、搬运之后 10～20 d。

防治方法 在种苗捕捞、搬运过程中,采用质地柔软的网具,同时操作要谨慎,尽可能减少机械损伤。鱼种放养前可用浓度为 10 mg/L 的高锰酸钾溶液药浴 10 min。

2.5.3.3 类结节病

病原 杀鱼巴斯德氏菌、革兰氏阴性杆菌。

症状 病鱼失去食欲,体色稍变黑,离群散游或静止于池底,不久即死。解剖病鱼可见脾、肾上有许多小白点。白点是由细菌的菌落外包一层纤维组织形成的类结节状物。白点内部都是死菌,在部分尚未包完全的白点中则有活菌。血液中的菌落多时,在微血管内形成栓塞。这是致死的主要原因。

流行情况 发病时期为水温 20～25℃的梅雨季节,水温在 20℃以下通常不发病。

防治方法 大黄加水 20 倍,再加 0.3‰氨水浸泡 6～12 h,傍晚或早晨光线不强泼洒全箱。投喂添加有糖萜素的饲料。

2.5.3.4 真菌引起的疾病

病原 水霉菌。

症状 因受伤后水霉菌侵入伤口,迅速繁殖,向外生长成长毛状菌丝。外观呈白棉絮状的白毛。鱼体游动失常,食欲减退,消瘦死亡。

流行情况 发病期多在鱼苗入池后 10～20 d 和秋末鱼种出池前。往往因拉网、搬运、操作不慎使鳞片脱落、皮肤损伤、水霉菌乘机侵入而引起。

防治方法 在种苗捕捞操作中谨慎小心,网具选用软质地网衣制成。种苗放养前用 10 mg/L 高锰酸溶液药浴 5～10 min。发病时可在排水闸一侧的投饵点上,结合投饵泼洒五倍子煎出来的溶液,使局部药物的浓度达 2～4 mg/L,用药 20～30 min 后,将残留药液排除池外,有较好的疗效。亦可全池泼洒硫酸铜,使池水中硫酸铜的质量分数为 1～3 mg/L。

2.5.4 寄生虫病

花鲈的寄生虫病有鱼虱病、车轮虫病、指环虫病、双阴道虫病、肤孢子虫病、隐核虫病和淀粉卵甲藻病。

2.5.4.1 鱼虱病

病原 东方鱼虱。

症状 寄生在鱼体表的鱼虱不断爬动,刺激鱼的表皮细胞增殖并擦伤皮肤,引起炎症和继发性感染;寄生在鳃上,则刺激分泌过多黏液,致使呼吸困难。病鱼体色发黑,食欲减退以至拒食。行为上表现急躁不安,狂奔乱游,常跳出水面。

流行情况 此病多发生于 6～8 月,水温 20～27℃。

防治方法 彻底清池,杀灭有害病原。养殖期间,每隔半月泼洒一次生石灰,使其在池水中的浓度达到 20～25 mg/L,有一定的预防作用。若已发生鱼虱病,可用 90% 晶体敌百虫,使其在池水中的浓度达到 0.25～0.5 mg/L。高温时用药量可偏低些。在虾池混养鱼类发生鱼虱寄生,可用敌百虫全池泼洒,使其在池水中的浓度达到 0.5 mg/L,既可杀灭虫体,又不危害虾类。

2.5.4.2 车轮虫病

病原 车轮虫属纤毛虫类。

症状 严重感染时,在体部、鳃部形成一层黏液层,鱼体消瘦、发黑,游动缓慢,呼吸困难,以至死亡。

流行情况 全国各地均有流行。池小、水浅、水质不良、饵料不足、放养过密、连续阴雨天气等因素,均容易引起车轮虫病暴发。

防治方法 彻底清塘,掌握合理的放养密度;放养前用浓度为 8 mg/L 的硫酸铜、硫酸亚铁合剂浸洗鱼种 15～20 min(15～20℃),可有效地预防车轮虫病。如遇发病,可采用下述方法:用硫酸铜、硫酸亚铁合剂(5∶2)全池泼洒,使其在池水中的浓度达到 0.71 mg/L,或以浓度 105～250 mg/L 的甲醛药浴 1～2 h。

2.5.4.3 指环虫病

病原 指环虫属外寄生虫。

症状 大量寄生时,病鱼鳃丝黏液增多,全部或部分呈苍白色,呼吸困难,鳃部显著浮肿,鳃盖张开,病鱼游动缓慢,贫血。

流行情况 指环虫病是一种常见多发病,适宜温度 20～25℃,大量寄生可使苗种大批死亡。

防治方法 鱼种放养前,用浓度 20 mg/L 的高锰酸钾溶液浸泡 15～20 min,以杀死鱼种上寄生的指环虫。水温 20～30℃,用 90% 晶体敌百虫全池泼洒,使其在池水中的浓度达到 0.2～0.3 mg/L,也可用敌百虫粉剂,使其在池水中的浓度达到 1 mg/L。敌百虫面碱合剂(1∶0.6)全池遍洒,使其在池水中的浓度达到 0.1～0.24 mg/L。

2.5.4.4 双阴道虫病

病原 真鳃双阴道虫病。

症状 寄生于鲈的鳃丝上,受损的鳃丝分泌大量黏液,病鱼游动缓慢,体色发黑,鳃盖经常张开,呼吸困难。

流行情况 本虫全年可寄生,但在冬季寄生数量显著增加,产卵季节从 11 月下旬开始,翌年 1 月下旬盛产。发生于低水温期,主要危害当年鱼种。

防治方法 用 8% 的浓盐水浸泡鱼体 1～2 min 能杀死部分虫体,但不能根治;用 90% 晶体敌百虫全池泼洒,使其在池水中的浓度达到 0.3～0.7 mg/L,有一定疗效,但不能根治。

2.5.4.5 肤孢子虫病

病原 肤孢子虫。

症状 可在寄生部位产生病灶,肉眼可见香肠状的孢囊盘曲在体表或皮肤、鳃组织上,使病灶充血、发炎、糜烂。严重时病鱼的皮肤、鳃、尾鳍等处都充满病原体的孢囊。病鱼体表极度发黑,消瘦,甚至死亡。

流行情况 国内各地均有发现,尚未造成严重危害。

防治方法 可采用隔离病鱼、消毒发病鱼塘、杀灭孢子的方法加以预防。目前尚无有效治疗方法。

2.5.4.6 隐核虫病

病原 刺激隐核虫。

症状　隐核虫主要寄生于海水鱼的皮肤、鳃、鳍等处,也寄生于眼角膜和口腔等体表外露处。数量多时,肉眼可见鱼体布满小白点,故俗称白点病。病鱼食欲减退,甚至不摄食。鱼体色变黑且消瘦、反应迟钝,或群集绕池狂游,鱼体不断和其他物体或池壁摩擦,时而跳出水面。由于寄生虫大量寄生在鳃组织等部位,从而使鳃组织受到破坏,失去正常功能,引起病鱼窒息死亡。

流行情况　所有海水鱼均可感染。

预防方法　放养密度不宜太大,定期消毒鱼体,防止虫体繁殖。经常检查,发现病鱼及时隔离、治疗,防止进一步传播。死鱼不能乱丢,以免扩散,切忌将死鱼丢到海区中污染水域。鱼池要彻底消毒,网箱要勤洗,以免附着孢囊,孵出幼虫重新感染。

治疗方法　硫酸铜、硫酸亚铁合剂(5∶2)全池泼洒,使其在池水中的浓度达到 2～3 mg/L,或用浓度为 8 mg/L 的硫酸铜、硫酸亚铁合剂溶液药浴 30～60 min,连续 3～5 d。用硫酸铜全池泼洒,使其在池水中的浓度达到 0.1～0.2 mg/L,一次即可。也可用硝酸亚汞全池泼洒,使其在池水中的浓度达到 0.05 mg/L。

2.5.4.7　淀粉卵甲藻病

病原　淀粉卵甲藻。

症状　卵甲藻系细小的双鞭毛虫,侵入到体表、鳃丝上以其假根状突起插入上皮细胞,摄取营养。同时刺激表皮细胞分泌大量黏液,形成天鹅绒似的白斑。

流行情况　鲈池塘养殖中也有此病发生。发病的适宜水温为 20～30℃,盐度 30 左右。由于此虫繁殖速度快,在高密度养殖中传染特别快,可使大批鱼短时间内死亡。

防治方法　目前国内外对此病尚无有效的治疗方法。可用浓度为 10～12 mg/L 的硫酸铜溶液药浴 10～15 min,或以浓度为 10 mg/L 的硫酸铜、硫酸亚铁合剂(5∶2)药浴 10～15 min,连续 4 d,有一定疗效,但很难治愈。此法用药浓度很高,药量大,药浴后一定要严格换水,否则会死鱼。有人曾用淡水浸泡 5 min,多数虫体可脱落,但仍有一些虫体残留黏液内,形成孢囊分裂繁殖,使池鱼重复感染,故需反复浸浴。

第3章 鮸

3.1 鮸的生物学特征

3.1.1 分类地位、种群分布和渔场

3.1.1.1 鮸的分类地位

鮸(*Miichthys miiuy* Basilewsky)俗称黑鮸、米鱼、敏鱼等。在分类上隶属鲈形目石首鱼科鮸属。

3.1.1.2 鮸种群分布和渔场

鮸自北至南可分为4个种群:第1群于春季从渤海、海州湾方面向济州岛西南洄游。其中一支在4月间游向朝鲜半岛南岸,生殖期为9~10月,在朝鲜西岸产卵,一般为小型鱼类;另一支在4~5月游至渤海、海州湾,一般为大型鱼类。第2群在长江口外海水域作圆周洄游,其越冬场在济州岛西南,4月开始西进,5~6月抵达海礁渔场附近,7~8月在长江口外海产卵,10月向越冬场洄游,为小型鱼类,但渔获量较大。第3群在浙江岱山、舟山渔场、福建平潭、兄弟屿、牛山渔场及马祖附近洄游,越冬场在上海外海,浙江至闽东的海域内。每年3~4月游向近岸作生殖洄游,为大型鱼类,群体不大,4~5月在福建,5~6月在浙江产卵,产卵后分散索饵,一部分向较深海区移动,另一部分向闽东、浙江一带索饵洄游,8~9月到达江苏沿岸。10月南返,12月到达福建牛山渔场外海深水区,以上3个鱼群在越冬场进行小规模移动,常各自相混合,不易区分。第4群在海南省沿岸、雷州半岛东岸、硇洲岛、阳江县沿海一带,每年3月鱼群从西向东集中于海陵头至白石角附近进行索饵、产卵活动,至4月底继续东游,5月鱼群基本离去。

渔场主要有广东万山群岛,福建平潭、马祖一带,浙江岱山、舟山群岛一带,江苏大沙渔场,山东沿海及渤海湾等处。捕捞季节主要为冬、春两季。鮸以机

轮底拖网、拖网、钓、定置网及刺网等渔具进行捕捞。中国和日本是鮸的主要生产国,中国产量约千吨。日本 20 世纪 60 年代产量较高,5 000～8 000 t,80 年代产量仅在 700～1 500 t。

3.1.2　形态特征

3.1.2.1　外部形态结构特征

鮸体细长而侧扁,背腹部呈浅弧形;头中等大,侧扁稍尖突;吻短钝,不突出,吻上孔 3 个,吻缘孔 5 个;颏孔 4 个,呈弧形排列,十分明显,无颏须。眼上侧位,较小,位于头的前半部,眼间隔宽而平坦;鼻孔 2 个,前鼻孔圆,后鼻孔半月形,位于眼前方;口大、端位,口斜裂较大;鳃孔大;有假鳃,鳃腔灰黑色,上鳃耙 6 枚,下鳃耙 9～11 枚。

体被栉鳞,头被小圆鳞,背鳍和臀鳍基部具有 1～2 行小圆鳞组成的鳞鞘。侧线较平直,伸达尾部后端,侧线鳞数为 50～54,侧线上鳞和侧线下鳞数为 9 和 10～11。背鳍连续,起点在胸鳍基底后上方,鳍棘部与鳍条部间具一凹陷;第 1 背鳍为鳍棘组成,背鳍鳍棘数约为 8,第 2 背鳍由 1 根鳍棘和 28～30 根鳍条组成;臀鳍第 1 鳍棘短小,第 2 鳍棘强大,鳍棘 2 个,鳍条 7 个;胸鳍较短,约等于眼后头长,鳍条数为 15～17;尾鳍呈楔形,鳍条数为 17～19。腹鳍长近乎胸鳍,鳍条数为 6～7。鱼体背部呈灰褐色,腹部呈灰白色或银白色,体侧条纹不明显。

鮸身体可分为头部、躯干部和尾部 3 个部分。

1. 头部

吻端至鳃盖后缘部分。头部各区包括吻、鳃盖或鳃盖骨、颊、鳃盖膜、眼、口、鼻、吻孔。

2. 躯干部

头部鳃盖骨的后缘至肛门或尿殖孔的后缘之间的部分。躯干部背面和腹面扁窄。以喉部的后方至胸鳍的前方称胸部;胸部后方至肛门部分称腹部。

3. 尾部

从肛门至尾鳍基的部分。尾部较躯干部缩小,两侧平扁。

4. 鳍

在躯干部上方为单个的背鳍连续,肛门后的臀鳍和尾柄后的尾鳍为单个。胸鳍和腹鳍左右各 1 个。

5. 鳞

体被栉鳞,吻部和颊部被圆鳞,背鳍鳍条部及臀鳍基部有一行鳞鞘,侧线完全,弧形,向后延伸达尾鳍末端。

3.1.2.2 内部结构特征

1. 骨骼系统

鮸骨骼和其他硬骨鱼类骨骼一样,包括主体骨骼的脑颅、咽颅、脊柱和附肢骨骼奇鳍支鳍骨和偶鳍支鳍骨。

2. 肌肉系统

鮸的肌肉包括横纹肌与骨骼相连,又称骨骼肌;平滑肌为构成内部器官的血管、消化管、泌尿生殖器官壁等的肌肉;心脏肌为构成心脏的肌肉。

3. 消化系统

1)消化道

(1)口、牙齿和咽:鮸口大,端位,口斜裂较大,两颌约等长;唇薄、口腔淡灰色;牙齿较突出,呈犬牙状,口闭时大部外露,上颌牙外行较大,圆锥形,内行细小;下颌牙两行,内行牙较大,锥形,外行较小;犁骨、腭骨及舌上无牙,舌前端游离,圆形;鳃孔大;有假鳃,鳃腔灰黑色,鳃耙细长。

(2)食道、胃、肠和肛门:鮸的食道短,其内壁具有黏膜褶,有利于增强食道的扩张能力,便于吞食较长的食物。胃位于食道后方,呈"U"形,内有黏膜褶,有利于胃饱食时,胃则扩张,黏膜褶被拉皮,此时胃壁较薄。肠位于胃的后方,肠可分为大肠和小肠。肛门位于大肠后端。鮸腹腔中大腹膜白色;肠粗短,作2次盘绕,指状幽门盲囊约为8个;鳔较大,前缘圆形,不突出成短囊,鳔侧具细而密且短的侧支,每一侧支具有复杂的背分支和腹分支。

2)消化腺

鮸的肝呈暗红色,肝具有分泌胆汁机能,胆汁能乳化脂肪,活化脂肪酸和刺激肠运动。胆囊呈小袋状,深绿色,肝分泌胆汁经胆囊进入胆囊内。胰腺分散于肝的内面和外边。胰腺分泌胰液,含有许多种消化酶,能消化蛋白质、脂肪和淀粉等。

4. 呼吸系统

1)鳃

鳃为鮸的呼吸器官,鮸的鳃孔很大,鳃盖膜与峡部不连接。前鳃盖骨边缘有细锯齿,鳃盖骨后上缘有一个扁棘。有 7 条鳃盖条,还长有假鳃,鳃耙细长,最长鳃耙约为眼径 1/2。鳃片由鳃丝排列而成,鳃丝成鲜红色,分布着许多血管,是气体交换场所。

2)鳔

鮸鳔很大,呈圆锥形,前端不突出,呈短囊状,后端尖细,鱼鳔侧长有 34 对侧支,每一侧支具背分支和腹分支,背分支和腹分支又分出细密小支,交叉成网状。脊椎骨有 24～25 块。耳石卵圆形,腹面蝌蚪形印迹的"尾"区,呈一"J"字形凹沟,末端弯达耳石外缘。

5. 循环系统

鮸的循环系统,由心脏、血管、血液、淋巴管和淋巴液组成。心脏由一静脉窦、一心房、一心室和动脉球四部分组成。静脉窦接受来自身体前后各部分的静脉血,并经静脉窦流经心房,再流入心室。在心室内的缺氧血,再经动脉球、腹侧主动脉,流入左右鳃弓,在鳃小片上进行气体交换,流出的血液为有氧血。有氧血由出鳃动脉,流向身体各部,两侧出鳃动脉,在鳃弓背部、脑颅下方,分别注入背主动脉。由此,将血液送到全身各组织器官中去。背主动脉出头部后,紧贴脊柱下方、腹腔背壁,向尾部供给躯干和尾部的血液。鮸的循环方式简称单循环方式。

淋巴液和淋巴管与静脉有密切关系。淋巴液中没有红细胞,主要功能是供应细胞营养和清除废料等。

6. 排泄系统

鮸的排泄系统,主要由肾脏、左右输尿管和膀胱组成。雄鱼输尿管末端与输精管相愈合,以一个统一的尿殖孔开口于肛门后方。雌鱼输尿管末端不与输卵管相愈合,所以在肛门的后方,依次有生殖孔开口和输尿孔开口。肾脏还具有调节体内的水分,保持恒定的作用。鳃也有排泄机能,主要排出氨、尿素等易扩散的氮化合物和盐分。

7. 生殖系统

鮸为雌、雄异体,生殖腺成对,成左右两侧排列。体外受精,精、卵在水中受精。

雄性生殖系统由一对精巢和左右输精管组成。精巢呈乳白色,未成熟时呈浅白色,输精管一端与精巢连接,另一端合并为一条输精总管。输精总管又与输尿管相合以统一的尿殖孔开口于肛门后。用手轻挤雄性生殖腺,当性腺发育成熟时,乳白色的精液会从尿殖孔流出。

雌性生殖系统由卵巢及输卵管组成。卵巢的包膜向后延伸,形成输卵管,末端由生殖孔通往体外。在生殖季节,雌性的卵巢发育好时,外观雌鱼腹部膨大,卵巢轮廓明显,生殖孔微红。

3.1.3　生态习性

3.1.3.1　生活习性

鮸平时喜欢在水体中下层,在摄食活动时才游到上层,在饥饿或繁殖季节也会游到水上层。亲鱼在繁殖季节夜间和白天都会在上中层活动。鮸的性情较温和,很少跳跃,能与一些鱼类混养。

1. 水温

鮸的摄食量与温度有很大关系。水温 6℃时,其日摄食量仅为体重的 2% 左右;水温 18~20℃时其日摄食量为体重的 12%~16%;水温 29~30.5℃时其日摄食量为体重 10%~12%。有学者对水温与鮸摄食之间的关系进行了试验,发现幼鱼在 14.5℃以上摄食正常,在 13.7℃时摄食率为 85%,在 13.2℃时摄食率仅为 18.2%。说明 13.5℃左右是鮸摄食的临界温度。

2. 盐度

养殖水域的盐度,周年变化为 14~32。在这个范围内,鮸的幼鱼和亲鱼的摄食和生长发育正常。

3. 水质和水的透明度

水质和水的透明度与鮸的摄食活动和摄食量有直接关系,尤其对幼鱼的影响最大。当遇到赤潮时,水呈咖啡色,具臭味,氨每升在 14.5 mg 以上,亚硝酸盐每升在 0.83 mg 以上,氧每升在 4.5 mg 以下时,鮸不摄食,2~3 d 后见幼鱼死亡。饲养环境水域正常,透明度在 80 cm 以上时,鮸主动到水面摄食,捕食活动激烈,饱食后游入网箱中下层。日摄食量占体重的 16% 左右。当大潮或雨季洪水时,水环境浑浊,透明度只有 20 cm 以下时,鮸停止摄食活动。在50 cm 以下时,幼鱼的日摄食量为体重的 6%~8%,成鱼和亲鱼摄食量约为体重的 4%~6%,随着透明度的增加,在水温适宜的情况下,鮸的日摄食量也随着增加。

4. 水的溶解氧

水的溶解氧每升在 7.2 mg 以上时,鮸的幼、成鱼在网箱内的活动正常,一般在水的中下层活动。小潮的平潮时间,水的流量小,加上网目小,网目堵塞或放养密度过大,水溶解氧低于 4.5 mg/L,此时,可见幼鱼成群到水面上游动,鱼的摄食量也明显减少,如果延续时间太久,就会造成缺氧死亡。

3.1.3.2　食性

鮸的食性为动物性,对动物性饵料没有严格的选择,不挑食,小型杂鱼、杂虾,只要适口都能摄食。鮸摄食自控能力差,尤其是在幼鱼阶段往往因暴食引起消化不良,其摄食量占鱼体重的 2%～16%,幼鱼阶段的摄食量最大,随着个体的增长日摄食量逐渐下降。

另外,饵料的种类对鮸的摄食量也有一定的影响,因此,在人工养殖过程中,如果发现鱼的日摄食量下降,可以暂时更换一下饵料的种类。饵料的适口性也影响鱼的摄食量,因此在养殖过程中要勤观察饲料颗粒的大小,随时进行调整。

3.1.3.3　生长发育

鮸生长迅速,每年 1～5 月为生长休止期,6～12 月为快速生长期。1 龄鱼全长 330 mm,2 龄鱼 430 mm,3 龄鱼 510 mm,4 龄鱼 560 mm,5 龄鱼 600 mm。鮸一般 3 龄鱼达性成熟,激素诱导后,可在网箱内自然产卵。

3.1.3.4　繁殖习性

据有关资料报道在长江口外海,鮸的繁殖期为 7～8 月,在舟山群岛附近为 5～6 月。在繁殖季节,性腺成熟的雄鱼发出"咕-咕-咕"的鸣叫声,发情产卵时的声音短促。雌、雄区别主要依据生殖孔或尿殖孔的外形特征,雌鱼呈半圆形,雄鱼呈尖形。自然产卵通常在夜间或凌晨进行。催产网箱水深 1.5～2 m。全长 500～650 mm 者怀卵量为 72 万～216 万粒。鮸属于分次产卵类型,繁殖季节产卵 2～4 次,产卵量依次减少。雌雄配对,最佳性比为 1：1。在正常情况下,亲鱼不会因产卵而死亡。

3.1.3.5　胚胎和仔、稚鱼发育

1. 受精卵

受精卵为圆球形,浮性,卵径为 0.99～1.15 mm,中央大多具有 1 个油球,少数为 2～3 个或较多个油球。在水温 24.5～24.7℃,盐度为 24 的天然海水

中,鮸胚胎发育历时约 21 h48 min 孵化出膜。整个胚胎发育分为 5 个阶段,共21 个发育期(表 3‐1,图 3‐1)。

表 3‐1　鮸的胚胎发育时序表(徐镇,2007)

发 育 时 间	胚胎发育阶段	图 3‐1 图序
0 min	受精卵	1‐1
45 min	胚盘期	1‐2、1‐3
1 h5 min	2 细胞期	1‐4
1 h22 min	4 细胞期	1‐5
1 h47 min	8 细胞期	1‐6
1 h57 min	16 细胞期	1‐7
2 h18 min	32 细胞期	1‐8
2 h55 min	多细胞期	1‐9
3 h12 min	桑葚胚期	1‐10
3 h58 min	高囊胚期	1‐11
6 h20 min	低囊胚期	1‐12
7 h20 min	原肠胚早期	1‐13
8 h30 min	原肠胚中期	1‐14、1‐15
9 h55 min	原肠胚晚期	1‐16、1‐17、1‐18
12 h10 min	胚孔封闭期	1‐19
14 h25 min	4‐5 对肌节	1‐20
15 h50 min	尾芽形成期	1‐21
16 h50 min	心跳期	1‐22
19 h40 min	肌肉效应期	1‐23
21 h20 min	出膜前期	1‐24
21 h48 min	出膜期	1‐25

注:水温 14.7～24.5℃

2. 仔鱼前期(初孵仔鱼至油球完全吸收)

初孵仔鱼全长 2.32～2.31 mm,体长 2.20～2.17 mm。刚出膜的仔鱼身体较舒展,只是鳍膜尚不平整,呈蝌蚪状。头部沿卵黄囊前缘向下倾曲;卵黄囊占全长的 40%;油球位于卵黄囊后下方。肌节 26 对(8+18)呈"<"形;肠细而直,位于卵黄囊后缘上方与肌节之间,后半段呈锐角弯向卵黄囊后缘下部,末端尖细;背鳍膜较窄,始于脑前上方,腹鳍膜较宽,由肛门处开始,两者均与尾鳍膜相连;尾鳍膜呈钝圆形。在眼与听囊之间和第 3、4 对肌节上方各有 1 对感觉器。在 15～16 对肌节处,上下方各有一枝状黑色素丛,背部两侧具较多的黑色素细胞。

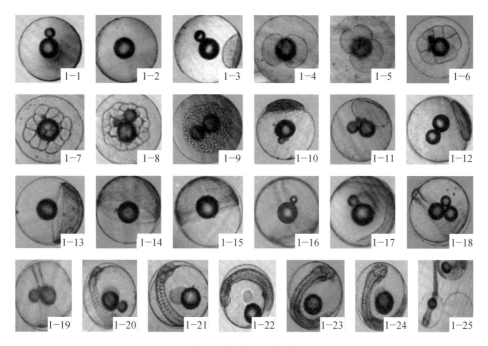

图 3-1　鮠鱼胚胎发育图谱(徐镇,2007)

1-1.受精卵；1-2、1-3.胚盘形成；1-4.2细胞期；1-5.4细胞期；1-6.8细胞期；1-7.16细胞期；1-8.32细胞期；1-9.多细胞期；1-10.桑葚胚期；1-11.高囊胚期；1-12.低囊胚期；1-13.原肠胚早期；1-14、1-15.原肠胚中期；1-16、1-17、1-18.原肠胚末期；1-19.胚孔封闭期；1-20、1-21.尾芽形成期；1-22.心跳期；1-23.肌肉效应期；1-24.出膜前期；1-25.孵出仔鱼

　　1日龄仔鱼全长3.40 mm,体长3.25 mm。尾鳍膜内出现放射状弹牲丝,在5～6对肌节处上方出现第4对感觉器；腹部肌节处的红色素丛增大、增浓,比背部的红色素丛显著。此时仔鱼大部分还只能窜游,并随充气形成的水流漂浮。

　　2日龄仔鱼全长3.51 mm,体长3.35 mm。上、下颌骨形成；肠形成一个弯曲,直肠加粗,肠前部扩大但尚未形成胃；胸鳍形成,尚未见鳍条分化；视杯黑色素增多；眼后缘出现枝状红色素。仔鱼在育苗池中随充气水流漂浮,在水体中、上水层集群。在取样杯中,少数仔鱼在杯底部呈倒悬作间隙上下垂直活动,多数则在上层作水平运动。

　　3日龄仔鱼全长3.41 mm,体长3.28 mm。卵黄囊消失,油球呈长圆形(148 μm×259 μm)；肠增粗,直肠出现皱褶,肠前部扩大成胃；鳔增大达148 μm×99 μm,鳔壁为黑色素布满而显黑色,尚未充气；眼后红色素丛扩大增浓,腹部红色素丛增大显著,视杯已变成黑色;鳃盖骨形成。多数仔鱼集群并有由上层向中层移动的趋势,部分仔鱼在全池分散活动。此时仔鱼反应灵敏,取样时要快速方能取到。

3. 仔鱼后期(从内源性营养耗尽至骨鳍发育齐备)

奇鳍形成的次序是:尾鳍、臀鳍、背鳍。① 尾鳍,7 日龄仔鱼(全长3.64 mm)尾鳍原基之间出现尾下骨质间充细胞。11 日龄仔鱼形成尾下骨 3块,13 日龄(全长 4.65 mm)达到 8 块,脊索末端上翘而成异尾形,并出现放射状原始鳍条,16 日龄(全长 6.20 mm)仔鱼尾鳍基本完备,尾鳍褶消失,鳍条数目增为 8+9=17 根。② 臀鳍,13 日龄仔鱼出现 5 个支鳍骨,16 日龄达 10 个,出现第 1 鳍棘,第 2 鳍棘芽生成,鳍条 7 根,其中第 7 鳍条在基分叉,外观很像根鳍条。随着第 2 鳍棘成形,与成鱼鳍式相同:此时腹鳍褶(在臀鳍部分)也基本不存在。③ 背鳍,13 日龄仔鱼的背鳍中间部分出现支鳍骨原基,15 日龄背鳍支鳍骨已达 10 多个,并有放射状原始鳍条出现,16 日龄背鳍的鳍条部分成型,鳍棘部分出现支鳍骨。此时,17 日龄仔鱼鳍棘即分成型,在胸鳍基部分稍后的下方出现腹鳍而结束仔鱼期。以上 3 个奇鳍褶虽然都已消失,但背鳍与尾鳍之间,尾鳍与臀鳍之间和臀鳍至肛门之间等 3 段鳍褶尚未完全消失。

偶鳍以胸鳍 2 日龄仔鱼前期形成,至 18 日龄已扩大叶面,有鳍条 21 根;腹鳍迟迟于 15 日龄仔鱼期才出现,17 日龄时腹鳍有鳍棘 1 根,鳍条 7 根。至此,具游动功能的运动器官全都发育齐全。

12 日龄仔鱼(4.60 mm)肌节由"<"形演变成"ζ"形,16 日龄时椎骨形成,有椎骨相互连成一条脊椎骨将脊索保护起来。鳃盖骨后缘棘数量增加到 5 个,刺由小变大。

仔鱼头部黑、红、黄色素增加,内脏团黑色素增浓,使仔鱼成为"黑头"苗。

这一时期仔鱼主要集群于池壁附近和池角。活动能力和摄食强度增强,饵料系列由轮虫卤虫→无节幼体→桡足类转换。16 日龄仔以后鱼常游向表层吸空气,开始出现鳔异常胀大的病鱼。

4. 稚鱼期

各鳍分化完成;出现枕骨棘,由 1 个发展到 6 个;鳞片首先在尾部出现,然后沿中轴线逐渐向背腹部延伸,最后在鳃盖、枕骨棘处出现鳞片,完成全身披鳞。

18 日龄稚鱼全长 8.64 mm，体长 7.07 mm。鳍分化完成，鳍式：背鳍 X-29；臀鳍 II-7；腹鳍 I-5；胸鳍鳍条 20 根；尾鳍鳍条 17 根。鳞片在尾部处为 3 轮圆鳞。后颅顶出现 1 个枕骨棘。鳃盖骨后缘具 5 个较大的棘刺，前鳃盖骨具 6 个棘刺头部；腹部表面黑、红、黄色素不断增多，而尾部的色素继续减退。

稚鱼在池中呈"黑头"苗，在池壁周围活动，有时成群稚鱼沿池壁稍作前后移动。患胀鳔病的稚鱼，漂浮在池水表面，最终死亡，镜检病鱼鳔鼓胀，鳔表面积为正常稚鱼的 2.5～3.2 倍。

19 日龄稚鱼全长 9.61 mm，体长 7.75 mm，在侧线两侧有 10 对鳞片；枕骨棘增至 2 个；上眼眶骨、前鳃盖骨、后鳃盖骨各具 5～6 个棘；鳔由长圆形变成胡萝卜形，前半部分鳔壁具浓黑色素，后半部分较透明；头部的黑色素丛由枝状变成星状，尾鳍基部出现 1 个大黑斑。稚鱼分群在池角和池壁上下分布，并沿壁不时上下或左右移动，停喂卤虫无节幼虫，全部投喂活桡足类。

20～32 日龄稚鱼形态变化：枕骨棘由 2 个增加至 6 个；鳃盖骨后缘的、棘刺由大变小；鳞片由尾部向前延伸到除头部以外的其他各部，尾部、体部的小圆鳞变成栉鳞；头部黑色素越来越多，躯干部的黑色素也开始变黑，使稚鱼由"黑头"变成"黑仔"，尾鳍基部黑斑逐渐由三角形→长三角形最后伸到尾鳍后缘，稚鱼原有的红、黄色素被黑色素替代。29 日龄起稚鱼的体表及背、尾、臀鳍部分开始分布不均的橘红、橘黄色斑点，稚鱼在腹部出现几个银白色的斑块，直至布满整个腹部，在黑暗中观察发出一闪一闪的荧光。尾鳍由椭圆形而变成尖圆形到后来的矛形，尾鳍占全长的比例增加。此时稚鱼的游泳能力和对外界刺激的反应灵敏度大大增强，经常可以看到大一些的稚鱼追逐小鱼。此时稚鱼在池角，池壁附近大面积松散型的集群，池中央分布数量很少。此时应增加投饵量和投饵次数，满足稚鱼快速生长的饵料需求。

5. 幼鱼期

全身被鳞；各鳍发育更加完善而强健有力。标志着稚鱼发育到幼鱼期。幼鱼从外形看与成鱼相似。

33 日龄幼鱼全长 24.01 mm，体长 17.49 mm。体色除背鳍基部、尾柄、臀鳍基部和背鳍鳍棘部分的上半部黑色素较浓外，其他部位虽然枝状黑色素丛还存在，但体色显著变淡，在体表、鳍上有橘黄色和橘红色小斑块不均匀分布。幼鱼全身被鳞。前鳃盖骨上有一列 7 个棘，后缘有 8 个棘刺，后鳃盖骨上有 3 个较强棘,后缘具5个较大而尖锐的棘刺,上面的一个最强大。幼鱼由"黑仔"逐渐变成为上黑下黄的"灰黄仔",体色变淡的幼鱼大多栖息池底,"黑仔"仍沿池壁漫游。

34～36日龄幼鱼全长19.00～21.00 mm,体长20.70～15.00 mm。体表具黄色素斑块,在尾柄中部和腹部特别明显,在鳃盖后部有3块特别亮丽的大黄色素斑块,外观金黄色,在黄色素大量增加的同时,枝状黑色素丛被星状黑色素斑替代,黑色变淡,分布以背部、尾部为多,向腹部逐渐减少,整条鱼从背面观为灰黑色,侧面观为淡黄色,视杯由黑色素衬托出七彩色,晶体呈深黑色。鳞片在尾柄部、体部为栉鳞,鳃盖部、鳍基部和头部为圆鳞。枕骨棘逐渐被颅顶部棘刺所淹没。背鳍Ⅹ-29;腹鳍Ⅰ-5;臀鳍Ⅱ-7;胸鳍具22根鳍条;尾鳍共19根主鳍条。幼鱼80%以上在池底部游动,活动范围不大,在清池吸污时随吸污器的移动逃逸,既不往上游也不大范围游开,那些较小的"黑仔"则在池角和池壁上下呈松散集群。

51日龄幼鱼全长42.1 mm,体长31.2 mm(取自海水养殖网箱)。体表具黄色素斑块,在腹部和尾柄特别明显而清晰,在黄色素增加的同时,星状黑斑替代原来的枝状色素丛,分布以背鳍基部附近较多,呈灰黑色,而腹部显得白而亮丽。背鳍鳍条部位中间具1条黑色素带,鳍条部分尚具橘黄色斑点。鼻孔附近有4轮小圆鳞。53日龄幼鱼全长53.0 mm,体长39.0 mm(取自海水养殖网箱)。体表黄色素块不断增加,原来的橘黄色斑点只有在鳍上见到。腹部银白色斑块向后延伸至尾柄,呈银白色一条长带。鳃盖骨后缘棘刺演化为在仅存后缘上部2个不太显眼的扁棘。颏孔2对。

3.2　鮸的人工育苗技术

3.2.1　亲鱼的培育

3.2.1.1　亲鱼来源

1. 从天然海区中捕获并驯养亲鱼

每年的7～10月,采用流刺网或延绳钓的捕捞方法,选取体表无损伤、尾重2 kg以上的海捕野生鮸作为亲鱼,在室内水泥池进行环境、食性等的驯化养殖。在此期间,饵料以新鲜或冷冻的蓝圆鲹、鱿鱼块为主,沙丁鱼等小杂鱼为辅,每天投饵 2 次,投喂量控制在鱼体重的 $3\%\sim10\%$,每天早晚换水 2 次,保持水质清新。

2. 从人工养殖中挑选符合要求的亲鱼

从海区捕捞的自然苗培育成的 1 龄鱼,选择体质健壮、无病、无伤、鳞片基本完整,体形、色泽优良,具有典型生物学特征的个体。雌鱼体重>0.75 kg,雄鱼体重>0.5 kg,雌雄比(1~2):1。亲鱼选择后用布夹子移入 5×10^{-6} KMnO₄ 溶液,浸泡 5 min,以清除鱼体上的鱼虱。消毒后放入亲鱼培育网箱中精心投喂,强化培育,获得个体大、体质健康、性腺发育良好的亲鱼。

3.2.1.2　亲鱼培育及管理

根据鲵性腺发育规律,采用"春肥、夏育、秋繁、冬保"8 字方针培育亲鱼。

冬保:冬季对即将产卵的亲鱼,要加强保护,避免受伤;对产过卵的亲鱼要加强护理,使其安全过冬。为此需保持水温>6℃,并不定时投喂少量饵料,以增强体质。

春肥:越冬后的亲鱼体质虚弱,随着水温的逐渐升高,应不失时机地加强投喂,提高亲鱼的肥满度。其投饵量一般为鱼体重的 $5\%\sim10\%$。

夏育:夏天水温高,亲鱼摄食量减少,而此时正是亲鱼性腺发育的关键时期。此时的饵料供给以高蛋白、高脂肪的鲜活饵料为主,如斑鲦、三棱鲻、牡蛎等。多吃多投、不吃不投,对活饵料可略有过剩。

秋繁:进入秋季,水温开始下降至 26℃时,正是亲鱼的繁殖季节,除正常的生产管理外,要经常观察亲鱼的摄食情况及体型变化,随时准备进行人工催产。

性腺成熟度观察:基于亲鱼来之不易,观察性腺成熟度的方法,采用外观判断、挖卵检查和解剖催产死亡的鱼等方法检查。

3.2.2　人工繁殖

3.2.2.1　亲鱼选择

到繁殖季节,雌鱼的选择标准是:外形显得比较粗壮,腹部膨大、柔软且有弹性,生殖孔微红的个体。雄鱼的个体显得比较瘦长,选择标准是:用手抚摸其腹部可感觉到体内 2 条长且硬的精巢,挤压腹部时能从泄殖孔中流出乳白色精液的个体。

3.2.2.2　催产日期的确定

在繁殖季节,要具体确定催产的日期,则要具备以下两个主要条件:

(1) 水温：当水温降到 24℃以下，并且持续时间必须达到 7～10 d。

(2) 鸣叫声：亲鱼昼夜成群游到中上层，而且雄鱼发出"咕-咕-咕"的鸣叫声。凡具备以上条件，就可以进行催产。但如果天气恶劣，水温下降时，则不能催产。

3.2.2.3 催产剂配制及注射方法

鱼用 LRH、LRH－A 和 LRH－A$_3$ 均可作为鮸外源激素使用，由于 LRH－A$_3$ 不仅诱导排卵活性比 LRH 和 LRH－A 高几十倍，而且有显著的促熟作用，因此在鮸的人工催产时，最好选用 LRH－A$_3$ 作为催产剂，对性腺较差的亲鱼，可采用低剂量的 LRH－A$_3$ 进行促熟。催产剂量应根据鱼体重来定，并且与卵巢成熟度有关，成熟度较大者，剂量宜小，反之，剂量宜大。激素配置好后，对经麻醉后的亲鱼行胸鳍基部体腔注射，雄鱼注射剂量减半，注射时间控制在 16:00～18:00。注射催产激素后 36～40 h 就能产卵，亲鱼从发情追逐到产卵结束需 1～2 h，采用拖网收集受精卵。

3.2.2.4 受精卵质量鉴别

由于卵子本来的成熟程度不同，或排卵后在卵巢腔内停留的时间不同，使产出的卵质量上有很大的差异。

亲鱼经注射催产剂后，发情时间正常，排卵和产卵协调，产卵集中，卵粒大小一致，吸水膨胀快，胚盘隆起后细胞分裂正常，分裂球大小均匀，边缘清晰，这类卵质量好，受精率高。

如果产卵的时间持续过长，产出的卵大小不一，卵子吸水速度慢，卵膜软而扁塌，膨胀度小，或已游离于卵巢腔中的卵子未及时产出而趋于过熟。这类卵子质量差，一般不能受精或受精很差。过熟的卵，虽有的也能进行细胞分裂，但分裂球大小不一，卵子内含物很快发生分解。鱼卵质量可用肉眼从其外形上鉴别，见表 3－2。

表 3－2　鱼卵质量鉴别

性　　　状	成　熟　卵　子	不成熟过筛卵子
色泽	鲜明	暗淡
吸水情况	吸水膨胀速度快	膨胀速度慢，吸水不足
弹性	卵球饱满，弹性强	卵球扁塌，弹性差
鱼卵在盘中静止时胚胎所在位置	胚体（动物极）侧卧	胚体（动物极）朝上
胚胎发育情况	卵裂整齐，分裂清晰	卵裂不规则，发育不正常

3.2.2.5　受精卵孵化

收集的卵经分离去除坏卵后,在孵化桶(网箱)或水泥池(育苗池)内进行孵化,孵化密度为$(10\sim20)\times10^4$粒/m^3,充气或微流水,海水盐度25～30。在人工孵化中,要避免环境条件突变,注意充气量不宜过大,防止阳光直射,并定期停气吸去沉底的坏卵及污物,经常检查卵的孵化情况、观察胚胎发育状况,并做好记录。孵化网箱和孵化桶的使用方法介绍如下:

1. 孵化网箱

孵化用的网箱比较小,且简单、使用方便,可置于室内、外静水或流水池中,大小可依需要而定,以$1.5\,m\times1\,m$左右较为方便。网袋用80目左右的筛绢制成,系于木框或PVC管架之上,置于水池或海上鱼排的网箱中。可在网箱底部安置通气石,用空气压缩机送气,以促进水的循环而增加溶氧,同时使卵翻滚并均匀分布箱内,箱底要绷平,防止风浪使卵子堆集一角。孵化期间,要经常用水冲洗或用软毛刷刷去网箱布上附着的污物、保持水流畅通。在室外使用时,可加上盖网,以免污物落入和日光曝晒。

2. 孵化桶

用塑料、玻璃纤维材料等制成的孵化器,形状多为圆形、内壁光滑,一般容水量为250 kg左右。每50 kg水可放受精卵5万～10万粒。水源从孵化桶面靠边流入,排水管设在孵化桶的中央,排水管外包60目的筛绢网,以防受精卵流失。要注意调节水的流速,并在排水管底部放一散气石,以增加水中溶解氧和使受精卵分布均匀,避免受精卵随水流集中在排水管周围。孵化桶放卵密度大,孵化率高,操作轻便灵活。当孵化卵是卵粒较大的沉性卵时,采用锥形底的孵化桶效果较好。

3.2.3　人工育苗

3.2.3.1　水泥池和土池配套育苗

1. 水泥池和土池配套育苗方法

这种先在室内水泥池育苗,然后再移入土池中育苗的方法较为普遍。育苗者根据土池的消毒肥水的情况及天气情况,来决定从水泥池移入土池的时间,通常在水泥池内培育7 d,即开口后在水泥池中培育4 d,然后移入土池中继续培育;另也有在水泥池中培育10 d或15 d或22 d或27～28 d,然后再移入室外土池中继续培育。

2. 水泥池育苗成活率

仔鱼在水泥池中培育 3 d,成活率为 90%~95%;培育 15 d,饵料系列以强化轮虫为主,兼投卤虫无节幼体,成活率为 65%~75%;培育 22 d,饵料系列以强化轮虫为主,兼投卤虫无节幼体、桡足类无节幼体,成活率为 52%;培育 23~32 d 为稚鱼期,饵料系列以卤虫无节幼体、桡足类无节幼体为主,兼投牡蛎浆、鱼肉糜,成活率为 35%~45%;培育 33 d,进入幼鱼早期,以投喂牡蛎浆、鱼肉糜为主,兼投卤虫无节幼体和桡足类成体,因幼鱼相互咬尾、残杀严重,因此成活率仅为 11%。

3. 土池育苗成活率

不同发育时期的仔、稚鱼移入土池培育,其成活率也不相同。早期仔鱼移入土池培育到幼鱼,成活率为 8%;出膜 15 d 的仔鱼,移入土池培育,成活率为 19%;出膜 22 d 的稚鱼从水泥池移入土池培育,成活率为 30%;出膜后 27~28 d 的稚鱼,移入土池育苗,成活率可达 45%,出池稚鱼的全长达到 21.5~52 mm。

3.2.3.2　水泥池育苗

仔鱼出膜后移入水泥池进行培育,接入浓度为(50~60)×10^4 cell/ml 的小球藻,仔鱼早期培育密度为(0.5~2.0)×10^4 尾/m^3,饵料为轮虫,投喂密度 10~15 个/ml,每天换水 1 次,换水量为 20%~30%;仔鱼后期培育密度为(0.3~0.8)×10^4 尾/m^3,饵料为轮虫和卤虫,轮虫投喂密度为 10~15 个/ml,卤虫 0.5~1.0 个/ml,每天换水 1 次,换水量为 30%~50%;稚鱼期的培育密度为(0.2~0.5)×10^4 尾/m^3,饵料为轮虫和卤虫、鱼肉糜,轮虫投喂密度为 5~10 个/ml,卤虫 1~2 个/ml,每天换水 2 次,换水量为 50%~100%;幼鱼期培育密度为(0.1~0.3)×10^4 尾/m^3,饵料为桡足类和鱼肉糜、微颗粒饲料,桡足类投喂密度为 0.5~1.0 个/ml,鱼肉糜、微颗粒饲料适量,每天换水 2 次,换水量为 100%~150%。吸污 1~2 次/d。在水泥池内培育的鱼苗,随着鱼个体的长大,成活率也随之下降,主要原因是幼鱼相互咬尾、残杀,而引起死亡,降低成活率。

3.2.3.3　土池育苗

1. 土池育苗方法

室外土池培育到仔鱼后期或稚鱼期后即可移入室外土池进行培育。土池面积以 5～10 亩①为宜,放苗前应做好清池消毒、进水过滤和肥水培育天然生物饵料等工作。清池消毒:将池清淤去污,曝晒数日,并用 20×10^{-6} 浓度的漂白粉消毒;肥水:用 10 目筛绢网过滤进水,施入 $(3\sim5)\times10^{-6}$ 浓度的复合肥料,培养浮游生物,7～10 日后移入鱼苗,放苗后投喂牡蛎浆或鱼肉糜 2～3 次/d,随鱼苗的长大增加投喂量,每天换水 1 次,换水量为 20～40 cm。

2. 土池育苗管理

(1) 清池、消毒:在放苗前进行清池消毒。

(2) 进水过滤:防止肉食性敌害生物进入池内。

(3) 肥水培养浮游生物:育苗池在放养前 5～7 d 进行肥水,培育好水色。具体做法是:每亩水面在水深 1 m 以内,用 100 kg 煮熟鲜杂鱼浆泼洒和 50 kg 干大豆磨成浆,煮熟后泼洒。在晴天的情况下,3 d 后池内的轮虫、桡足类无节幼体很快地繁殖起来,夜间观察桡足类密度高达 8～12 个/ml,喂鱼适口性好。在投喂鱼、肉糜期间,每千克鱼、肉糜中加入复合维生素 B、鱼油和土霉素各 10 g。

(4) 加大换水量,预防病害发生:日换水量增加到 50% 左右,可有效地预防病害的发生。

3. 土池育苗注意事项

(1) 在放苗前 7 d,应彻底清池、消毒,去除生物敌害。

(2) 进水时,要严格过滤,杜绝水母等敌害生物入池。

(3) 在放苗之前 3～4 d,进行肥水,培育天然生物饵料。用鱼浆和豆浆肥水时,都应煮熟,以提高肥水的效果。

(4) 要掌握好肥水时间。晴天时,肥水的时间可与放入受精卵孵化的时间同时进行,或提前一天进行肥水,使开口的仔鱼移入土池后,就有丰富、适口的轮虫等生物饵料。

(5) 孵化箱应设置在坐北朝南的避风处,早期仔鱼培育小水体,应选择在设置孵化箱的地方、小水体的面积不宜太大,占全池面积的 1/3～1/5。

(6) 孵化箱中增氧设施的摆设,与室内基本相同,要求气石分布均匀,无死角,卵不会集聚成堆,气量适中。

(7) 孵化箱内海水的盐度应调配为 30～33,这是提高孵化率不可缺少的

---

① 1 亩≈666.7 m²

措施。

（8）受精卵运抵目的地后，不宜马上放入孵化箱，应先进行调温适应，去除运输途中的坏卵、死卵，待孵化箱内海水盐度、温度调配好后，才放入受精卵。

（9）受精卵出膜后，应及时去除未孵化的坏卵，并换水 1/3～1/2，12 h 后再换水 1/2。

（10）注意遮阳，防止阳光直射，引起水温升高，影响胚胎发育。

（11）开口的仔鱼，要及时移入小水体中培育。移入时间，应选择在傍晚之前。在移入之前，先把预先安装好的诱生物灯打开。仔鱼在灯的周围活动，轮虫集聚成堆，30～60 min。可见仔鱼消化道内呈微红色或腹部膨大。白天每 2～3 h 投喂牡蛎浆 1 次，同时每天泼洒煮熟豆浆 1 次，用于肥水。

（12）注意观察小水体仔鱼的密度和个体发育情况，及时拆除分隔网，进行全池培育。

（13）在仔鱼后期和稚鱼早期，每 4～5 h 投饵 1 次，以牡蛎浆、蓝圆鲹肉糜加幼鳗饲料，用淡水拌成浆状进行投喂，每千克饲料加入土霉素 10 g、食母生 20 g；在稚鱼中期，每天早、中、晚各投喂 1 次，以蓝圆鲹肉糜为主，加幼鳗饲料，用淡水拌成团状投喂，加药同前；在稚鱼后期、幼鱼早期，每天早、晚各投喂 1 次，在增加投喂饲料量的同时，延长投料时间，每天进水 1 次，换水量 20～30 cm。

3.2.4　仔、稚、幼鱼的运输

在运输之前，苗种停食 48 h，起网集中在小网箱内，经密集锻炼 2 h 后，重新放入原池，不能投喂饲料；在运输之前 24 h，起网集中，过筛点苗、然后集中在苗种网内，注意苗种活动情况，防止缺氧死亡。

苗种在运输之前进行洗净、过水消毒。在运输之前 4～6 h，将苗种集中在网的一端，将另一端网洗净、去除网上黏液。取出竹竿让苗种游到已洗净网的一端，并按第 1 次方法，将另一端的网洗净。然后，依此类推，进行第 2 次、第 3 次。经过 3 次集中苗种，基本洗净苗种体表、鳃上的黏液。

3.2.5　苗种的网箱培育

3.2.5.1　放养密度

全长 2.5～3.5 cm 的鱼种，每立方米水体放养 40～50 尾；全长 3.5～

4.5 cm 的鱼种,每立方米水体放养 30～40 尾。

3.2.5.2　培育管理

1. 水环境条件

(1) 盐度:培育苗种的海水盐度为 14～35。

(2) 透明度:海水透明度为 0.2～1.5 m。因潮汐的影响,大潮时有短时间的透明度在 20 cm 左右,不会影响幼鱼生长发育。

(3) 流速:培育苗种网箱内海水流速在 15 cm/s 以内为宜。

(4) pH:海水 pH 为 7.2～8.2。

2. 饲料及投喂

(1) 饲料种类:鲱鲤、蓝圆鲹、金色小沙丁鱼、鳗饲料和海水鱼苗配合饲料等。

(2) 饲料加工:将上述一种或多种饲料混合,用绞肉机绞成肉糜状。先用 0.5 cm 的孔径绞 1 次,然后再用 0.3 cm 的孔径绞 1 次。手捏鱼肉糜时,没有粗粒感。必要时加入适量鳗饲料和药物。鳗饲料或海水鱼苗饲料。可单独使用,常用淡水搅拌成糊状后投喂或加工成小颗粒状投喂。

(3) 饲料投喂:每天 5 次,早、中、晚及上午 9 时和下午 3 时各投喂 1 次。采用手投方式,取少量饲料放在小盆内,加少量水,用手把饲料捏成小块状后再投喂。投料时,坚持先快后慢的原则。每次投料 3 遍:第 1 遍多数苗种都可摄食,但并未吃饱;第 2 遍有 90%～95% 的苗种吃饱;第 3 遍为了照顾 5%～10% 个体小的鱼,未吃饱。每次投喂应量少,下料慢,防止饲料沉入网箱的底部。

3.3　鮸的海水网箱养殖

3.3.1　养殖环境条件

3.3.1.1　水质与透明度

养殖的水质和水的透明度,与鮸的摄食活动和摄食量有直接的关系,尤其对幼鱼的影响最大。当遇到赤潮时,水呈咖啡色,具臭味,氨每升在 14.5 mg 以上,亚硝酸盐每升在 0.83 mg 以上,氧每升在 4.5 mg 以下时,鮸不摄食,2～3 d 后见幼鱼死亡;当饲养环境水域正常,透明度在 80 cm 以上时,鮸主动到水面摄食,捕食活动激烈,食饱后游入网箱中下层;当水温为 20～28℃ 时,日摄食量达到 12%～16%,当大潮或雨季洪水时,水环境浑浊,透明度只有 20 cm 以下时,鮸停止摄食活动,但随着透明度的增加,鱼的摄食量也会恢复到正常。

3.3.1.2 水的流速

水的流速在 10 cm/s 时,鱼的活动及摄食量正常。随着流速的加快,活动加快,流速达到 16～24 cm/s 时,幼鱼在网边顶水逆流;随着流速的进一步加大,幼鱼在激烈游动,并伴随惊跳,时而被水流冲走,这时幼鱼已失去游动的自控能力;当水的流速达到 25 cm/s 以上时,网箱已经变形,鱼不能在网箱内自由活动,由于水流太大而无力游动,时而发现幼鱼被水流冲到网边;流速下降到 5～25 cm 时,鮸成鱼和亲鱼日常活动正常;当水的流速为 25 cm/s 时,鮸成鱼和亲鱼在网边游动,受网衣挤压而惊跳,体表鳞片和鳍条受伤。

3.3.1.3 水温

水温 6℃时,日摄食量仅为体重的 2%左右,水温在 18～20℃时摄食量为体重的 12%～16%,在 29～30.5℃时日摄食量为体重 10%～12%。有学者对水温与鮸摄食之间的关系进行了试验,发现幼鱼在 14.5℃以上摄食正常,在 13.7℃时摄食率 85%,在 13.2℃时,摄食率仅为 18.2%。说明在 13.5℃左右,是鮸摄食的临界温度。

3.3.2　网箱海区的选择

养殖生产者在选择海区位置时,必须考虑水质、水流和盐度等环境条件,同时还要考虑安全性,选择背风向阳、潮流畅通、风浪较小的沿海内湾海区,传统网箱水深 8～12 m 为宜,最低潮时不小于 5 m,保证最低潮时箱底距海底 1.5 m 以上,而深水网箱水深以 20～30 m 为宜;底质最好为泥沙底或沙泥底,水质清、无污染;海区流速在 1 m/s 以内,流向平直而稳定,避免回旋流海区;苗种、饲料来源及交通均较便利。

3.3.3　网箱结构与设置

网箱种类有传统小网箱和深水网箱两大类,本文所述为前者。传统小网箱即浮动的板式网箱,常用网箱规格有 3 m×3 m×3 m、3 m×6 m×3 m、5 m×5 m×3 m 等多种规格。网箱网目的大小可根据 2 倍鱼体高小于网目周长的原则,2 个单脚的网目长小于鱼体高为依据选择,最好以破一目而不逃鱼为度。在养殖过程中,随鱼体的长大,网目逐渐增大。放养规格与网箱及网目规格的对应参考值见表 3-3。

表 3-3　鮻放养规格与网箱及网目规格的对应参考值

鱼苗规格/cm	2.0～7.0	7.0～10.0	10.0～15.0	15.0～20.0	20.0 以上
网箱规格/m	3×3×3	3×3×3,3×6×3	3×6×3	3×6×3,5×5×3	3×6×3,5×5×3
无结网目目长/cm	0.5	1	1.5	2	2.5～3.0

3.3.4　放养规格和密度

全长 50～70 mm 鱼种,每立方米水体放养 20～33 尾,最佳为 25～28 尾;全长 90～120 mm 鱼种,每立方米水体放养 20～25 尾,最佳为 20～22 尾。在正常的情况下,每隔 15～20 d,调整一次鱼种放养密度,并根据鱼体大小,调换网箱的网目规格。当全长达到 230 mm 以上时,根据鱼的个体大小不同,进行分箱疏养。

3.3.5　饲料及投喂

主要饲料种类有幼鳗饲料、蓝圆鲹、金色小沙丁鱼和虾类等。全长 50 mm 的鱼种,投喂鱼类饲料,要求去鳞及骨、刺,用绞肉机加工成鱼糜状,孔径为 5 mm。每 2 h 投喂 1 次;全长 90～120 mm 的鱼种,在饲料加工前不用去鳞及骨、刺,仍用 5 mm 孔径绞肉机加工,投喂次数改为:早上 6 时、上午 10 时和下午 3 时及傍晚 6 时各投喂 1 次,投喂量为体重的 16%～18%;当鱼体全长达到 170 mm 时,用 15 mm 孔径绞肉机加工,投喂次数改为早、晚各 1 次,投喂量为体重的 12%～16%;当鱼体全长达到 230 mm 以上时,可投喂块状和整条小鱼、小虾,早、晚各投喂 1 次,投喂量为体重的 7%～10%。

3.3.6　分级饲养

鮻幼鱼的个体大小不同时,其习性也不同,特别在饥饿情况下,大鱼吃小鱼的咬尾现象时有发生,尤其在幼鱼阶段,全长 40～50 mm 的个体,不能与全长 150 mm 以上的个体混养;全长 100 mm 的个体,不能与全长 200 mm 以上的个体混养。为了提高养殖成活率和养殖产量,必须采用分级饲养方法:第一级,放养全长为 50～70 mm 的个体;第二级,放养全长为 90～120 mm 的个体;第三级,放养全长为 230 mm 以上的个体。

3.3.7 日常管理

3.3.7.1 换网

网目 15 mm 的网箱,换网间隔时间为 10 d;粗网目的网箱,换网间隔时间为 30 d。4～11 月,污损生物如贝藻类、腔肠动物和藤壶等容易附生在网片上,如不及时换网,会导致网目堵塞和网底沉积物增多,使网箱负载过重而下沉,或绳断、网破而逃鱼。

3.3.7.2 饲养

加强日常的饲养管理,把好饲料质量关,不投喂不新鲜的饲料,因为其容易引起消化道疾病;根据鱼的个体大小、摄食状况及天气、水质状况,掌握适宜的日投喂量,不可忽多忽少,以防止鱼的暴食和饥饿;饲料台要经常清除残饵和消毒;做好病害的防治工作。

3.4 鮸的病害防治

3.4.1 淀粉卵涡鞭虫病

病原 眼点淀粉卵涡鞭虫,多寄生于病鱼体的鳃、皮肤和鳍上,刺激病鱼分泌大量黏液,形成白色膜囊将虫体包住。

症状 被寄生的鱼体鳃部呈灰白色,寄生在体表时,严重的会导致皮肤溃疡,鳍条腐烂。病鱼在水面漂游或横卧水底,或迅速窜游到水面,再沉入水底,呼吸加快,鳃盖开闭不规则,不摄食,最后因身体消瘦、鳃组织严重受损、呼吸困难、窒息或衰竭而死。该病是人工育苗期危害最严重的疾病之一,主要在刚刚开始投喂桡足类不久后发生,适宜水温为 20～30℃。

防治方法 育苗期间,定期用硫酸铜溶液或淡水浸浴,以预防该病的发生;用 $(8\sim10)\times10^{-6}$ 浓度的硫酸铜溶液浸浴 3～5 h,隔天再 1 次。

3.4.2 贝尼登虫病

病原 梅氏新贝尼登虫,主要寄生于鱼体表鳍条和头部。

症状 鱼的皮肤分泌大量黏液,使表皮逐步变白,病鱼狂游并不断向网箱摩擦身体,擦伤处可继发细菌感染,患病严重者停止进食,衰竭而死。多见于水温 20℃ 左右的春秋和秋冬季节。

防治方法　用淡水浸泡 10 min;或用 0.1% 的过氧化焦磷酸钠($Na_4PO_7 \cdot 2H_2O$)药浴 2.5 min,或 0.25%～0.30% 的过氧化焦磷酸钠药浴 2 min。

3.4.3　粘孢子虫病

病原　尾孢子虫和碘泡虫,主要寄生在鱼体的皮肤、鳃、鳍和体内的各器官组织。

症状　早期感染的病鱼,体表无明显的症状,随着病情的加重,在尾部、背鳍基部及体侧开始出现大小不一的小瘤状凸起,严重的形成脓包;鳃上布满由孢子虫包囊形成的白点。该病没有明显的季节性,主要危害 100 g 左右的鱼种。

防治方法　可内服盐酸左旋咪唑 1～3 g/kg 饲料,另外,在发病季节,改用配合饲料。尽量不使用冰鲜饵料。

3.4.4　布娄克虫病

病原　布娄克虫,主要寄生在鱼鳃部。

症状　鱼的鳃部贫血,呈灰白色,鳃丝浮肿,粘有许多泥样污物,鳃盖打开,闭合困难。病鱼常浮游水面,游动迟缓,呼吸困难,很快沉底死亡。鱼苗在 2～7 cm 都会发生该病。

防治方法　用淡水加含氯消毒剂浸浴 3～5 min,或在每个网箱内吊挂含氯消毒片剂 1 片加铜制剂 1 片。

3.4.5　气泡病

鮸鱼苗在 15～20 日龄时,即由仔鱼到稚鱼变态过程中,常有苗体漂浮水面,肠胃较空,腹部胀大,形似气泡,此病死亡率较高,为营养缺乏症。

防治方法　改善水质,保持水质清新;轮虫、卤虫需经小球藻或卤虫强化剂 6 h 以上强化;尽早投喂小型桡足类,增加营养。

3.4.6　纤毛虫病

此病为鮸育苗中最常见病害,死亡率极高,多发生在高温及全长 23 mm 以上稚鱼、幼鱼期。

防治措施 连续施泼 0.1×10^{-6} 硫酸铜;施加 $(10 \sim 20) \times 10^{-6}$ 甲醛;注入淡水,降低密度。

3.4.7 鱼虱病

此病多发在幼鱼期,寄生于鱼体表,吸食体液,鱼体变白直至死亡。

防治方法 严格过滤桡足类并使用 200×10^{-6} 甲醛消毒,发现病鱼及时捞出处理。

3.4.8 肠炎病

病因 饲料不新鲜,或加工工具清洗不干净;过量投喂,暴食引起消化不良;加工过程不够精细,残留骨、刺、鳞片刺伤或堵塞消化道。

症状 鱼苗肛门后拖着长便;离群独游或死亡浮在水面;群体摄食量减少。

防治方法 不投喂腐烂、变质的饲料,调整饲料配方。减少投料量。在饲料中加入痢特灵或泻痢停等防治肠炎病的药物,其用量,在每千克饲料中分别加入 $3 \sim 5$ g、10 g、5 g。

3.4.9 轮车虫病

病因 人工养殖中进排水量不足,进水过滤、消毒不彻底。

症状 鱼苗死亡量大,肉眼可见鱼苗体表及各鳍破损受伤严重,鱼体消瘦。

防治方法 用硫酸铜溶液,全池泼洒。先准确计算实际水体后,按每立方米水体 0.7 g 的浓度。称取硫酸铜,然后再将称取的硫酸铜放在水桶内,加水溶解后,沿池边均匀泼洒,池中间用小船将溶液均匀泼洒。第 2 天检查鱼苗去虫情况,如发现不彻底,要及时进行第 2 次泼洒治疗。

3.4.10 水母敌害

病因 在网箱养殖中进水过滤网目太大,或者网破造成水母进入池内繁殖长大。

防治方法 每立方米水体用 3 g 敌百虫,完全溶解后,全池均匀泼洒;用灯光诱捕大个体的水母;加强进水过滤管理。

3.4.11　浒苔病

病因　水质太瘦,浒苔繁生,鱼苗活动空间减少,鱼苗被浒苔缠住而死亡。

防治方法　彻底清理、去除浒苔遗留根源。每立方米水体用 0.7 g 硫酸铜,全池均匀泼洒。每立方米水体用 10 g 生石灰,全池均匀泼洒。

3.5　鮸的增殖放流

鮸肉质鲜嫩,其鳔可制成名贵海珍品"鱼肚",因此被列为名贵鱼类。鮸具有个体大、生长快、食性广等诸多优点,是近海网箱养殖的优良种类。近年来,由于过度捕捞、环境污染和人为滥捕等,鮸资源也遭到了严重破坏,现已形不成大规模渔汛。

进行渔业资源增殖放流是改善渔业水域生态环境、恢复渔业资源、保护生物多样性和促进渔业可持续发展的重要途径。增殖放流是从鱼类死亡率最高的不同阶段——卵、仔、稚、幼鱼的生长发育入手,在自然繁殖的基础上,采用人工培育、放流的方法,有效地提高种群的补充数量,以达到资源恢复的目的。放流种苗的数量、放流时间及放流后的效果评价对增殖放流和资源恢复起着重要作用。

3.5.1　鮸标记技术

2006 年 7 月 20 日至 8 月 3 日在浙江省海洋水产研究所西闪试验场,取生长良好、摄食正常的鮸幼鱼进行标记技术试验,平均体长(9.69±0.89)cm,平均体重(12.45±3.11)g。试验设对照、挂牌、切腹鳍和荧光共 4 组,设平行试验各 2 个。试验期间,水温为 27.4～28.3℃,盐度为 27～28,pH 为 8.13～8.17。各试验组的鮸经过 14 d 的饲养其成活情况见表 3-4,生长情况见表 3-5。

表 3-4　各试验组鮸的成活率

标 志 方 法		开始尾数/ind.	结束尾数/ind.
对照	1	20	18
	2	20	20
挂牌	1	20	18
	2	20	19

(续表)

标 志 方 法		开始尾数/ind.	结束尾数/ind.
切腹鳍	1	20	19
	2	20	20
注入荧光剂	1	20	20
	2	20	20

表 3-5 各试验组鮸的生长率

标志方法		开始体长 */cm $L_o \pm SD$	结束体重/cm $L_e \pm SD$	开始体重 */g $W_o \pm SD$	结束体重/g $W_e \pm SD$	增长/cm $\triangle L$	增重/g $\triangle W$	增长率/% $\triangle L/L_o$
对照	1	9.80±0.81	10.45±0.96	12.87±3.20	16.93±4.42	0.65	4.06	6.63
	2	9.84±0.80	10.32±0.83	12.26±2.75	15.99±3.52	0.48	3.73	4.88
挂牌	1	9.43±0.82	10.12±0.94	11.82±2.80	15.09±4.11	0.69	3.27	7.32
	2	9.60±1.00	10.35±1.09	12.61±3.87	16.47±4.92	0.75	3.86	7.81
切腹鳍	1	9.64±0.71	10.52±0.75	12.63±2.31	17.29±3.42	0.88	4.66	9.13
	2	9.63±0.68	10.49±0.80	12.04±2.52	16.57±3.60	0.86	4.53	8.93
注入荧光剂	1	9.86±1.14	10.36±0.80	12.87±3.87	16.05±3.11	0.5	3.18	5.07
	2	9.92±0.75	10.58±1.26	13.08±2.58	17.40±5.89	0.66	4.32	6.65

注：* 开始时的体长和体重为剔除死亡个体的平均数

　　成活率是分析标志方法好坏的一个重要指标。从表 3-4 的各组饲养成活率来看，饲养 14 d 鮸的成活率均在 90.0% 以上，其中对照 1 组的成活率也仅为 90.0%。因此，认为 3 种标志处理与对照组相比，成活率没有明显的影响。

　　生长是衡量标志方法优劣的又一重要指标。为消除死亡个体对生长指标带来的影响，在统计试验开始时的平均体长和体重时，各组均剔除死亡个体。从表 3-5 可见，切腹鳍组的体长、体重增加量和增长率均为最大，荧光组则相对较低。组平均体长增长率为：切腹鳍组＞挂牌组＞荧光组＞对照组；组平均体重增长率为：切腹鳍组＞对照组＞挂牌组＞荧光组。

　　通过分别对体长增长率和体重增长率的组间单因素方差分析，结果表明，各组间体长增长率和体重增长率均没有显著差异。因此，认为 3 种标志处理对体长(9.69±0.89)cm、体重(12.45±3.11)g 的鮸幼鱼的生长没有显著影响。

　　各试验组的最小标志个体和脱标的情况汇总于表 3-6。从表 3-6 中可见：挂牌标志的最小个体为体长 7.6 cm、体重 6.4 g，切腹鳍标志的最小个体为体长 8.3 cm、体重 7.4 g，荧光标志的最小个体为体长 7.7 cm、体重 6.5 g，至试验结束，这些最小标志个体全部成活。

表 3-6 各组最小标志个体和脱标的情况汇总

标志方法		标志尾数 /ind.	成活尾数 /ind.	脱标尾数 /ind.	标志 成功率/%	最小标志个数	
						体长/cm	体重/g
挂牌	1	20	18	0	90	7.6	6.4
	2	20	19	1	90		
切腹鳍	1	20	19	0	95	8.3	7.4
	2	20	20	0	100		
注入 荧光剂	1	20	20	3	85	7.7	6.5
	2	20	20	7	65		

标志保持率是反映标志技术优劣的重要指标。此试验用 3 种不同的标志方法，共标志鮸幼鱼 120 尾，每种标志方法标志 40 尾。从表 3-6 统计的脱标情况来看，切腹鳍标志没有脱标、死亡 1 尾，标志保持率最高为 97.5%；挂牌标志仅脱标 1 尾、死亡 3 尾，标志保持率为 90.0%；荧光标志脱标 10 尾，没有死亡，标志保持率为 75.0%。3 种标志技术中荧光标志脱标最为严重。综合分析标志保持率和标志的显现性认为，对鮸幼鱼进行挂牌标志，是 3 种标志方法中较为完善的人工标志技术，可在鮸增殖放流的生产实践中应用。

3.5.2　最小标记个体

鱼类在标志时，一般选用个体较大的鱼，因为小个体鱼类难以忍受标志操作时带来的压力、鱼体创伤和承受额外的代谢负担，易造成鱼体病变甚至死亡。从本试验的结果看，挂牌组最小标志个体为体长 7.6 cm、体重 6.4 g，切腹鳍组最小标志个体为体长 8.3 cm、体重 7.4 g，荧光组最小标志个体为体长 7.7 cm、体重 6.5 g，试验结束时全部存活。成活的最小个体为体长 7.6 cm、体重 6.4 g 的挂牌标志鱼，14 d 后生长为体长 8.1 cm、体重 8.4 g。虽然本试验没有专门进行不同规格鮸幼鱼标志成活率的研究，这一结果也不能说明体长 7.6 cm、体重 6.4 g 为鮸幼鱼挂牌标志的最适个体，但这一结果同样可为鮸规模化人工放流标志个体规格选择上提供一定的参考。鮸最小标志个体还有待进一步试验探明。

3.5.3 放流时间和海区的选择

放流时间和海区的选择也是决定放流效果的重要因素。研究表明,在不同季节进行放流,对鱼苗放流后的成活率有很大的影响。

增殖放流最适宜的放流海区应是增殖种类自然产卵场分布的区域,因为产卵场的水温、盐度、溶解氧、饵料生物和敌害生物等环境条件对仔稚鱼的存活率有很大的影响。放流水域饵料生物丰富、敌害生物少,生态环境和其他理化因子都比较适宜放流种苗的栖息生长,不仅可以提高成活率,还有利于放流物种的回归。

3.5.4 增殖效果的评价

增殖放流效果评价是实施增殖放流不可忽略的组成部分。通过对放流效果的评价,可以改进放流策略,避免无效果增殖放流现象的发生,提高增殖放流工作的效率。目前,评价增殖放流效果的方法较少,一般采用标志放流-回捕分析技术。或者可以通过对增殖放流区实施海上定点监测调查、社会调查和标志鱼回收3种方式获取相关数据,采用现场调查与理论推算相结合方式,分析放流后放流点附近海域放流种类的资源、渔获量变动情况、生长情况及死亡率情况,从生态效益、经济效益和社会效益三方面对放流效果进行综合评估。但是,目前国内对于大规模增殖放流,利用群体生物统计量计算效果的研究较少。

3.5.5 鮸放流存在问题及解决办法

存在问题:

(1)目前增殖放流的鮸种苗数量规模相对于近海资源的数量水平,影响程度还很小。

(2)相关的基础研究工作明显滞后,未建立与鮸相应的放流技术标准。

(3)放流后对鮸的实时监测和调查缺失,未形成有效的放流效果评估体系,增殖放流的项目实施带有盲目性。

(4)相关政策和法律等配套渔业管理措施不健全,针对性和可操作性不强。

针对目前增殖放流技术中存在的问题,提出如下建议:

（1）从放流海区的选择、种苗放流的规格和数量等各个方面着手加强鮸的基础研究。

（2）在充分研究的基础上，分水域、分物种逐步制订放流技术规范或操作规程，保证放流鮸的质量及放流效果。

（3）加强放流水域和放流种类的生态调查和监测及放流效果评估方法的研究，建立有效的增殖放流效果评价体系。

（4）制订与增殖放流工作相辅佐的配套渔业管理措施。

总而言之，一方面要加强对增殖放流的投入（增加资金、科研和管理的投入），另一方面要削减捕捞力量，控制捕捞，保证渔业资源的持续利用。

第**4**章　黑　　鲷

4.1　黑鲷的生物学特征

4.1.1　分类地位及分布

黑鲷(*Acanthopagrus schlegeli*),隶属鲈形目鲷科鲷属,俗称海鲋、黑加吉、海鲫等,为名贵海产鱼类,在我国沿海有广泛分布,主要栖息于多岩礁和沙泥底质的浅海海域中。黑鲷是名贵海产鱼类之一,具有多种适合人工养殖的生物学特性,适温、适盐性广、食谱杂、抗病力较强、生长较迅速。黑鲷是沿岸性鱼类,一般不作长距离洄游,是沿海增殖放流的优良品种。

4.1.2　形态特征

黑鲷呈侧扁长椭圆形,头大。前端钝尖、背面狭窄且倾斜度大。上、下颌等长,前端各有大的犬牙6个,上颌两侧臼齿发达,有4~5行,下颌两侧臼齿3行。体被弱栉鳞。背鳍棘强硬,臀棘第2鳍棘强大。体青灰色,具银光,体侧通常有黑色横带7条。

4.1.3　繁殖习性

4.1.3.1　性成熟

黑鲷为变性鱼类。体长150~295 mm,出现典型雌雄同体的两性阶段,雄性性腺先发育成熟;体长300 mm以上多数分化为雌鱼或雄鱼。从年龄上看,2龄鱼大部分是雌雄同体;3龄鱼占50%以上性分离为雄鱼;4龄鱼多数雌雄异体,性分离为雌性。但是在3龄、4龄鱼中除了雄性或雌性的个体以外,尚有雄性机能的雌雄同体鱼和性未成熟的雌雄同体鱼。因此,黑鲷的性比在低龄中雄性占优势,而高龄鱼则雌性居多。据调查,胶州湾黑鲷亲鱼在自然产卵场的年龄组成：雌鱼 4 龄者约占 60％，3 龄者占 40％；雄鱼 3 龄者约占 52.2％，2 龄者占 26.1％，4 龄者占 21.7％。

4.1.3.2 产卵

每年 4～5 月，水温 13～15℃ 时，亲鱼经过药物催产，即可获得成熟卵子。在人工环境控制下，亲鱼不需催产也可以获得正常的受精卵。黑鲷有一个性分化的过程，性分化是在性成熟过程中出现的。从年龄上区分，1 龄鱼表现为雄性，2 龄鱼大部分是雌雄同体，3 龄鱼分化为雄性的占 50％ 以上，4 龄鱼多数为雌雄异体，并分化为雌鱼。黑鲷为多次产卵性鱼类，大个体绝对怀卵量超过 50 万粒，小个体约 15 万粒。产卵期因地而异，在室内水泥池保温越冬条件下，3 月中下旬即可产卵受精。

4.2　黑鲷的人工育苗技术

4.2.1　亲鱼的培育与催产

4.2.1.1　亲鱼培育

目前黑鲷亲鱼多为池养亲鱼，在每年的秋冬季，当室外水温达 13～14℃ 时，将亲鱼移至室内水泥池中越冬饲养。亲鱼必须体表完好、色泽鲜艳、活动自如。雌鱼体重 500 g 以上，雄鱼 250 g 以上。暂养密度 2～3 kg/m²。黑鲷入池后，每日 6:00、16:00 时投饵，日投喂量为鱼重的 3％～5％，产卵期可增加至 6％～8％。饵料以新鲜小杂鱼、虾、贝肉为主，辅以配合饵料。黑鲷经过投饵驯化，可至水体中、上层摄食。因此，作为黑鲷的饵料，使用时应考虑到该品种在水中的浮动性。整个越冬期，水温控制在 13～14℃，避免强光直接照射，保持环境安静，水质清新。适当辅以充气。越冬前期可采取常流水，每两日吸底清污 1 次，中、后期每日吸底 1 次，并结合换水，日换水量为 20％～30％，保持温度。日温差不得大于 1℃。定期用 2×10⁻⁶ 土霉素或 1×10⁻⁶ 呋喃西林全池泼洒。

4.2.1.2　人工催产

选择腹部膨大柔软的雌鱼，检查卵径和卵质，一般卵径达 430 μm 以上者，即可进行人工催产。催产剂使用绒毛膜促性腺激素（HCG）和释放激素类似物（LRH - A）混合或单一使用，采取胸腔注射，雄鱼一般不需进行人工催产，以手指轻压腹部有精液流出者，即可使用。郑镇安学者在 1983 年研究表明当亲鱼腹部膨胀柔软,卵径在 0.45 mm 以上,无论是使用单一激素(LRH-A 或 HCG)还是二者混合注射,均可诱导黑鲷排卵。而在繁殖季节初期,由于卵径偏小,使用混合注射要比单一激素效果好(郑镇安等,1983)。

4.2.1.3 产卵与孵化

人工培育的亲鱼让其在产卵池中自然产卵受精,是目前黑鲷人工繁殖中比较经济的办法。但作为黑鲷的产卵池,在池的上缘需设有溢水口,作集卵用。产卵池的大小以生产规模而定,一般以 20～50 m² 为宜,每平方米放亲鱼 1～2 kg。雌雄数量比为 1：(1.5～2)。亲鱼在进入产卵池前,应再进行一次严格的挑选,要求雌鱼体质健壮、外形完整,腹部膨大柔软,卵粒易分离,呈橙黄色或淡黄色;雄鱼轻压腹部有乳白色精液流出。产卵时雌雄鱼在水面追逐。产卵时间以凌晨 1～6 时居多,少数在夜晚产卵。黑鲷卵为浮性,无色、透明、圆球形,中央有油球 1 个。集卵时只需在溢水口处设置集卵网箱收集,池内不断添水,浮在水面上的受精卵即由出水口溢出,出水口用一水管接到浸在帆布桶(或塑料桶)中的集卵网箱内,待随水溢出的受精卵集中到网箱中,先除去异物及沉卵,然后用重量法(约 1 800 粒/g)或容量法(1 200 粒/ml)计算受精卵数。计数后将卵移入孵化池中进行静水或微充气孵化。每立方米水体可容纳受精卵 2 万～10 万粒(放卵数量可根据卵子在静止水面上浮情况决定)。受精卵孵化所需的时间因水温而异,在 16～18℃条件下,2～4 d 即可孵出仔鱼。

4.2.2 鱼苗的培育

鱼苗孵出后,需将水表面的黏液除去,用虹吸法除去池底死卵,将鱼苗移入育苗池进行培育,也可继续放在孵化池中培育,直至出池。日常工作主要有以下几个方面:

4.2.2.1 调节水质

仔、稚鱼培育期间要求有稳定的理化环境,流水饲养效果最好。但早期水温低,且流水对生物饵料和仔鱼都有流失的可能,池内水温也难控制。主要采用添加水、少换水的办法,换水量以前期的 10% 至后期的 200%。出池前采取常流水。每日吸底清污,吸除残饵。掌握池水的 pH,力求控制在 7.6～8.6。

黑鲷对盐度的要求从受精卵到孵化以 19 以上为好,流水培育开始以后可适应 10 甚至更低的盐度。黑鲷仔鱼有很强的趋光性,培育期间避免强光照射,防止鱼苗群集,以减少互相残杀。

4.2.2.2 适时调整培育密度

掌握适宜的鱼苗饲养密度是搞好苗种培育的重要一环。黑鲷的前期仔鱼以(1.5～2.0)万尾/m²为宜。生产实践表明,密度愈大,成活率愈低;密度小则成活率高。分池时间以开口以前为佳,采用虹吸法可收到比较满意的效果。

4.2.2.3 健全饵料系列,让鱼苗吃饱吃好

孵化后 3～6 d 的仔鱼,口、肛形成,处于营养转换阶段。解决初期饵料十分关键。我们采用小球藻＋轮虫→轮虫＋蛋黄(100 目筛绢过滤)→轮虫＋蛋黄(60 目筛绢过滤)→卤虫幼体＋轮虫→卤虫幼体＋冰冻桡足类→冰冻桡足类＋鱼糜→鱼糜系列,获得比较理想的效果。不管使用何种饵料系列,都要求适合仔鱼摄食、营养全面。更换饵料品种时,应遵照循序渐变原则。每日投饵量应根据吸底情况及时调整。幼鱼期如果饵料供应不足则会出现自残现象。

4.2.2.4 做好病害防治工作

在育苗生产过程中,应定期使用呋喃西林 0.5 ppm 全池泼洒。

4.2.2.5 鱼苗出池

黑鲷从受精卵,经过前仔鱼期、后仔鱼期、稚鱼期,进入幼苗期后即可出池放到室外进入养成阶段。由于黑鲷为底层鱼类,采用常规的拉网法在池内捕苗很难奏效,放水集苗损伤太大。诱捕法可达到事半功倍的效果。捕苗时,只需用少量饵料将其诱至水面,用大抄网捞取即可,诱捕率可达到 80% 以上。

4.3　黑鲷成鱼养殖技术

4.3.1　池塘养殖技术

4.3.1.1　前期准备工作

1. 池塘的选择

池塘应选择在交通条件好、水源清新充足、进排水便利、防台风、防海潮的海边建造。尽量利用天然潮汐的涨落来灌水和排水。面积以 20～30 亩为宜,最高水位应在 2 m 以上。

2. 消毒清淤

放养前,排干池塘积水,曝晒两周,翻耕。纳水浸泡 2～3 d,然后将水排净,

继续曝晒、翻耕、浸泡 2～3 次,而后用漂白粉消毒,用量为漂白粉 20 g/m³;虾塘改造后用生石灰消毒,用量为生石灰 75 kg/亩。

3. 基础饵料生物培养

在放苗前 30 d,池塘水每隔 3～5 d 施肥一次,用尿素 3～5 kg、过磷酸钙3～5 kg,氮磷比为(7～10):1,使水色呈黄绿色,透明度在 30～50 cm,饵料品种和数量丰富,对鱼苗前期的生长起到很好的作用。

4.3.1.2 鱼苗放养

1. 放养时间

黑鲷生长的水温在 6～31℃,适宜的生长水温为 12～25℃,所以在 3～4 月气温稳定在 7℃以上时即可放养。

2. 苗种要求

放养 75 g 左右的规格苗种较适宜,亩放苗量在 580～620 尾,经过 7 个多月的养成,黑鲷当年即可长成 400 g 左右的商品鱼,符合市场要求,从而获得较好的经济效益。

4.3.1.3 日常管理

1. 饵料投喂

在池塘养殖中可根据当地情况投喂冰鲜杂鱼和新鲜杂鱼,也可投喂成品饲料。投喂饵料必须新鲜,变质饵料一定不能用。科学投喂对黑鲷生长影响很大。要采取定时、定点、定质、定量投喂:定时,每天上下午定时投喂各 1 次;定点,将饵料投喂在固定的地点;定质,饲料的质量要保证,以投喂新鲜的小杂鱼,低质贝类和配合饲料较好,并做到使用这些饲料交替投喂;定量,日投喂量平均为体重的 7.9%～13.9%,每隔 1 个月,应按全体重和水温变化调整投喂量,以满足黑鲷生长的需要。

2. 水质管理

春天气温回升,第一次进水宜少量,随着鱼类的生长逐渐增加,夏天气温高,应保持较高水位,逐渐加大换水量。8 月底后气温回落,黑鲷生长加快,食欲旺盛,此时应加大换水量和次数。

4.3.2 网箱养殖技术

4.3.2.1 海区选择

以水质清洁,风浪较小,透明度较高,无污染的内湾为宜。水质理化条件应较稳定。黑鲷属于近海暖水性底层鱼类,要求在一定水深的海域生活,且以泥沙底质的海区为宜。

4.3.2.2　网箱设施

网箱结构与规格根据生产规模和海况等条件而定,一般多采用浮动式网箱。网衣采用聚乙烯或尼龙线编结。一般用 50 kg 重铁锚或打木橛加以固定。

4.3.2.3　苗种投放

鱼种放养选择在小潮水时,这时海水水质较清澈,水流缓慢,比较适合鱼种的放养。1 m³ 水体投放体重 30 g/尾左右的鱼苗 80～100 尾。定时投喂鲜、冰冻小杂鱼或其他贝类等。每天投喂 2 次,日投饵率为 4%～20%,投饵率和投喂次数随水温下降而逐减(邹玉芹等,2000)。

4.3.2.4　日常管理

1. 检查网箱

安全检查是网箱养殖中的一项重要工作。1 周至少检查 1 次,全面检查网箱有无破损。要经常检查木框架、浮子上的附着物如藤壶、牡蛎等并进行清除,防止其受潮水的流动,与网衣接触,造成网衣受损。网衣上附着物多时应及时更换新网。

2. 鱼病防治

保持水质清新,经常清除箱内残饵和其他污物,以防水质恶化。定期投喂抗生素或呋喃唑酮药饵,每天 100 kg 鱼用药 2～4 g,每次连续投喂 3～5 d。

4.4　黑鲷的营养需求及饲料

4.4.1　营养需求

目前,黑鲷的养殖已经在山东、福建、海南等地逐步展开。黑鲷营养需求的研究也相对较为成熟,分别在黑鲷的蛋白质、脂肪、糖类、维生素和矿物质各方面展开了研究。

4.4.2　蛋白质

蛋白质既是结构蛋白又是功能蛋白,对鱼类的生长等起着不可替代的作用。高淳仁和李岩(1993)报道 3 cm 的黑鲷幼鱼饲料中蛋白质最适含量为

41.2%,在此蛋白质含量下,其脂肪和糖类的含量分别为17.6%和15.9%。刘镜恪等(1995)以酪蛋白为蛋白源,采用蛋白质含量梯度法进行黑鲷饲料中最适蛋白质含量研究,结果表明,黑鲷幼鱼饲料中,蛋白质的最适含量约为50.19%;以玉筋鱼为动物蛋白源,以花生饼粉为植物蛋白源,饲料中总蛋白质含量相等,进行黑鲷饲料中最适动、植物蛋白比研究,表明动、植物蛋白的最适比例为1.00∶(0.89~0.96)。王蕾蕾(2007)指出综合黑鲷幼鱼的生长效果和饲料效率及体组成等相关指标,得出在水温(28±1)℃的条件下,初始体重为16 g左右的黑鲷幼鱼饲料中适宜的蛋白质水平为38.53%~41.77%,黑鲷幼鱼获得最佳增重效果时饲料蛋白质水平为41.22%。

4.4.3 脂类

脂类在鱼体的生命代谢过程中具有多种生理功能,是鱼类所必需的营养物质。高淳仁和李岩(1993)报道体长3 cm的黑鲷幼鱼饲料中脂肪含量为17.6%。季文娟(1999)研究指出鱼油、大豆油为黑鲷饲料选用的优良脂肪源。刘镜恪和雷霁霖(1998)用乳化油直接添加法,用n-3 HUFA含量不等的4种乳化油分别强化轮虫、卤虫活饵料,培育黑鲷仔鱼和稚鱼,结果轮虫体内n-3 HUFA含量为0.2325%、卤虫体内n-3 HUFA为4.273%时,仔鱼和稚鱼达到最佳生长和成活率。马晶晶等(2009)报道以增重率为指标,二次回归分析结果表明,黑鲷幼鱼[(8.08±0.09)g]获得最佳增重时饲料中n-3 HUFA的需要量为0.87%,并指出n-3 HUFA对黑鲷幼鱼的降脂作用主要是通过抑制黑鲷体内生脂酶(FAS)、提高脂肪分解酶(HSL)活性及基因表达来实现,是对脂肪合成、分解两个过程同步调控的结果。

4.4.4 糖类

糖类作为动物必需的能源物质之一,碳水化合物在鱼体内具有不可替代的生理作用,包括组成体组织细胞、提供能量、合成体脂、为合成非必需氨基酸提供碳架、节约蛋白质。高淳仁和李岩(1993)研究指出,黑鲷幼鱼饲料中最适糖含量为15.9%。纤维素是饵料中难以消化的物质,对于黑鲷来说,纤维素在消化生理中,起着稀释营养成分和帮助消化的作用。黑鲷幼鱼饲料中纤维素的最佳添加量为6.42%(高淳仁等,1992)。

4.4.5　维生素

维生素 C 是鱼类自身不能合成的必需营养素。在胶原蛋白的形成中,参与氨基酸的羟化作用,促进骨骼和皮肤的形成。鱼类缺乏维生素 C,会导致生长缓慢、脊骨畸形、骨骼的胶原蛋白含量降低、免疫功能下降等。刘镜恪和雷霁霖(1997)研究表明饵料中维生素 C 含量对仔稚鱼的生长有一定的积极作用,并且对仔稚鱼体内维生素 C 含量有明显影响。龙章强以鱼粉和酪蛋白为蛋白源,配制 7 组不同剂量维生素 C 饲料饲养黑鲷幼鱼,得出黑鲷幼鱼饲料中添加200 mg/kg 的维生素 C 较为适宜,此添加量中黑鲷幼鱼的增重率和特定生长率均达到最大。Ji 等(2003)报道维生素 C 和高不饱和脂肪酸在黑鲷幼鱼的脂肪分解方面有交互作用。

维生素 E 作为一种脂溶性抗氧化剂,可以防止细胞和亚细胞膜中磷脂和胆固醇等多种不饱和脂肪酸的过氧化反应,清除自由基,使体内自由基的产生和消除达到动态平衡。Peng 等(2009)报道黑鲷氧化鱼油饲料中添加维生素 E 150 mg/kg 可以有效提高黑鲷的生长性能。

4.4.6　矿物质

陈四清等(1998)通过正交设计,报道 Zn 添加量在 $6.8 \sim 20.5$ mg/kg 有助于黑鲷幼鱼生长,Cu 的添加量则应少于 1.2 mg/kg,且 Zn 的营养作用大于 Cu,Cu 的累积毒性大于 Zn。

4.5　黑鲷的病害防治

4.5.1　细菌性疾病

4.5.1.1　弧菌病

症状　鱼体表溃烂,背、腹鳍鳍基充血,眼球突出,游泳缓慢,食欲减退,肛门发红扩张,有黄色黏液流出。稚幼鱼、鱼种和成鱼均有发现,其中稚幼鱼的发病率更高,流行季节 6～8 月。

防治方法　育苗池在使用前用 100 ppm 的漂白粉彻底清池消毒,保证水源清洁;合理的放养密度;投喂的活饵料要经过海水充分洗净后投喂,不投喂腐败变质的饵料。

治疗方法　① 抗生素有氯霉素 2×10^{-6},全池泼洒,连续 3 d;土霉素 $2 \times$

10^{-6} 药浴 2 h,连续 3 d;② 呋喃唑酮 16×10^{-6} 药浴 2 h,连续 5 d;或药饵,用药量为 200 g/100 kg 鱼;③ 新得米先药饵,用量为 200 g/100 kg 鱼,连喂 5～7 d。

4.5.1.2 肠道白浊病

病原 弧菌。

症状 黑鲷仔鱼期肠道白浊不透明,不再摄食,在水池的侧壁和池角集群,活动呆滞。随着病情的发展,白浊的肠萎缩,腹部下陷,然后死亡。

防治方法 ① 保持育苗环境清洁及合理的放养密度,并投喂优良活饵料可预防本病;② 投喂添加氯霉素 $20\times10^{-3}\sim50\times10^{-3}$ 的饵料有效;③ 呋喃唑酮 16×10^{-6} 药浴 2 h,连续 5 d。

4.5.1.3 腹水病

病原 爱德华氏菌。

症状 鱼体色发黑,在水中急速旋转,上下翻滚若干时间后,腹部朝上漂于水面,直至死亡。病鱼腹部膨胀,呈半透明空泡状,有时肠子从肛门脱出。解剖观察,鱼体整个腹腔内大量积水,肛门扩张发红,有的可见肝脏出血或肾脏肥大。

防治方法 保持饲育环境整洁,适当加大换水或增加换水频率;用 $6\times10^{-6}\sim12\times10^{-6}$ 的土霉素,每天药浴 2 h,连续 3～4 d;或用氯霉素 $2\times10^{-6}\sim5\times10^{-6}$ 全池泼洒 2～3 d,效果均较好。

4.5.1.4 皮肤溃疡病

病原 假单胞杆菌和鳗弧菌。

症状 其主要特征是体表皮肤溃疡。感染初期,体色呈斑块状褪色,食欲减退,缓慢地浮游于水面,有时狂游或回旋状游泳;中度感染的鱼,鳍基部组织浸润,呈出血性溃疡。有的吻端或鳍膜烂掉,有的眼球突出,眼内有出血点,肛门发红扩张,有黄色黏液流出。解剖观察,胃内无食物,肠空并带有黄色黏液,肠黏膜变薄,肝、脾、肾等明显充血和肿大。严重病鱼 2～7 d 下沉死亡。

预防方法 育苗池在使用前用 100×10^{-6} 的漂白粉彻底清池消毒;保持水源清洁;搬运鱼苗时谨慎操作,避免鱼体受伤。

治疗方法 土霉素 $1\times10^{-6}\sim2\times10^{-6}$ 全池泼洒,每天 1 次,连用 3 d;呋喃唑酮 $1\times10^{-6}\sim3\times10^{-6}$ 全池泼洒,每天 1 次,连用 3 d;投喂抗生素或磺胺类药饵,前者每千克鱼体重用药 20～50 mg,后者每千克鱼体重用药 100～200 mg,连续投喂 5～7 d。

4.5.2　原生动物性疾病

4.5.2.1　白点病

病原　原生动物门纤毛虫目的寄生虫。

症状　黑鲷有患白点病的报道,症状是体表出现许多 $0.5\sim1$ mm 的小白点,黏液分泌增多,鱼体因痒而磨蹭池壁或跃出水面。严重时,食欲丧失,呼吸困难,浮头,有的鳞片脱落,衰弱致死。

4.5.2.2　车轮虫病

病原　车轮虫。

症状　虫体以吸盘吸附在鳃丝及体表上,使鱼体损伤,刺激皮肤组织、鳃丝分泌大量的黏液。当大量感染时,鱼体消瘦发黑,离群靠近池边缓慢地游动,鳃丝的软骨外露,严重影响鱼的呼吸机能。摄食甚少或不摄食,多为空胃,长期感染会引起死鱼。

防治方法　育苗池彻底洗刷、消毒;$2\times10^{-6}\sim3\times10^{-6}$工业用硫酸铜全池泼洒。或用硫酸铜和硫酸亚铁合剂(两者比例为 5∶2)全池泼洒,使池水成 0.7×10^{-6},可有效杀灭体表和鳃上的车轮虫。用药后需彻底换水,以改善池鱼水质环境,促使鱼体快速恢复摄食,以利生长。

4.5.2.3　隐核虫病

病原　隐核虫。

症状　虫体附着在鱼体表及鳃丝上,严重时全身呈白点状,这些小白点是由于虫体寄生,宿主受到刺激,周围组织分泌大量的黏液和表皮细胞增生而形成的白色小囊泡。病鱼体色变黑且消瘦,游动迟滞,食欲减退,甚至停食。病情严重者,鳃组织呈黑紫色糜烂、鳞片脱落、鳍膜裂开、眼角膜损坏等,最终因呼吸困难而死。

防治方法　$0.1\times10^{-6}\sim0.2\times10^{-6}$乙酸铜全池泼洒;$2\times10^{-6}\sim3\times10^{-6}$硫酸铜与 $0.8\times10^{-6}\sim1\times10^{-6}$硫酸亚铁混合全池泼洒;$0.05\times10^{-6}$硝酸亚汞全池泼洒。

4.5.3　其他疾病

4.5.3.1　淀粉卵甲藻病

病原　卵甲藻,繁殖能力强。

症状 病情轻的鱼体,症状不明显。感染较重的鱼,外表、鳍和鳃上,肉眼可见有许多小白点,病鱼全身瘙痒,游窜不安,以身体擦池或其他硬物,鱼体消瘦,体色变黑,大面积鳞片松散脱落,体表溃烂,鳍基充血。

流行情况 高密度养殖时污染很快,会导致大批鱼在短时间内死亡。发病季节 8～9 月,水温 24～27℃。

预防方法 为防治鱼病发生,主要采取措施如下:一是投喂优质饵料;二是定期投喂药饵;三是用漂白粉全池泼洒。

防治方法 ① 淡水浸洗 2～5 min,第 2 天重复 1 次,效果更好;②（0.7～1.0）×10^{-6}硫酸铜全池泼洒,第 2 天先换水 1/3～1/2,然后再用药,连用 3 d;③ 新得米先药饵,用量每 100 kg 鱼 200 g,连喂 1 周;④ 用 WPK - A 型气相水质净化器,充气消毒杀菌,与药物综合治疗 1 周,有明显效果。

治疗方法 此病很难治愈,用（10～20）×10^{-6}硫酸铜药液浸泡 10～15 min,每天 1 次,连续 4 d,有效。因用药浓度较大,需注意掌握,勤换水。

4.5.3.2　鱼虱病

病原 鱼虱。

症状 虱体用吸盘吸附在鱼体表、鳃及鳍条上,用管状的口吸食寄主的血液,使鱼体因毛细血管破裂而出血,剥开病鱼表皮,可见表皮变红。如果寄生在鳃上,鳃上皮被破坏,鳃边缘残缺不全,影响呼吸。鱼体被侵袭后,常呈现极度不安,在水中狂游或常跃出水面,有的失去平衡。病鱼身体消瘦,食欲减退,对缺氧等恶劣环境耐受力差,容易死亡。

防治方法 （0.15～0.2）×10^{-6}的敌敌畏乳剂全池泼洒 1 次即可;0.25×10^{-6}的晶体敌百虫全池泼洒。把带虱的病鱼放入纯淡水中洗身,5 min 后虱便脱落鱼体而死亡。

第**5**章 黄 姑 鱼

5.1 黄姑鱼的生物学特征

5.1.1 分类地位及分布

黄姑鱼(*Nibea albiflora* Richardson),隶属于鲈形目石首鱼科黄姑鱼属,俗名铜罗鱼、黄婆鸡、黄姑子等。黄姑鱼主要分布在中国沿海、朝鲜半岛及日本南部海域。黄姑鱼体色金黄、营养丰富,其鳔有健身壮体、滋补之功效,历来是传统渔业的主要捕捞对象,是一种具有较高开发价值的本地传统优质经济鱼类。

5.1.2 形态特征

黄姑鱼体延长,侧扁;尾柄细长,亦侧扁;头较尖突,吻钝尖,前端有 2 横行小孔,两颌具有绒毛状牙带,上颌外行和下颌内行牙扩大。体背侧灰褐色,两侧灰黄色,腹部银白色;背鳍棘上部暗褐色,鳍条边缘黑色。胸鳍、腹鳍和臀鳍淡黄褐色。

5.1.3 生活习性

黄姑鱼为暖水性近海中下层鱼类,喜栖息于水深 70～80 m、泥或泥底海域,具有发声能力,有明显季节洄游性。黄姑鱼为广温、广盐性鱼类。黄姑鱼能够在 6～8℃或 30～32℃环境中存活,可以存活的盐度范围为 14～34。黄姑鱼最适的生长条件为:水温 20～28℃,盐度 18～30,pH7.8～8.2,溶解氧 6～8 mg/L。

黄姑鱼食性广,幼鱼主要摄食小型虾类、幼鱼和多毛类,成鱼以小型鱼类、虾类和双壳类等底栖生物为主。

5.1.4 繁殖习性

黄姑鱼为洄游性鱼类,生殖期间具有较强的集群特性,繁殖鱼群主要由 2～4 龄鱼组成。黄姑鱼 5～7 月产卵,产卵水温 13～29℃,盐度为 27～31。产卵时也会发出"咕-咕"的声音。黄姑鱼的受精卵是浮性卵,呈球形,无色透明,卵径为 0.84 mm,中央有无色透明油球 1 个,球径约 0.24 mm。受精卵为端黄卵,胚盘形成于动物极(徐冬冬等,2010)。

5.2 黄姑鱼的早期生长发育

5.2.1 受精卵的形态特征及孵化率

黄姑鱼的受精卵属端黄卵,为无色透明的圆球形;卵径为(0.89±0.028)mm($n=20$);中央有 1 个油球,无色透明或淡黄色,平均油球径为 0.25 mm。

5.2.2 胚胎发育

黄姑鱼的胚胎发育与其他硬骨鱼基本相似,卵裂类型为盘状卵裂均等分裂型,其受精卵在水温为 24℃。根据胚胎的外部特征和内部器官形成,可以将受精卵的胚胎发育划分为 24 个发育期(图 5-1)。

5.2.3 仔稚鱼发育

5.2.3.1 卵黄囊仔鱼(1～3 日龄)

该阶段历时 3 d,从仔鱼孵化出膜至卵黄囊完全消失,但器官分化仍不完善。

初孵仔鱼:全长(1.95±0.064)mm($n=20$),有 25 对肌节。卵黄囊呈无色透明的椭圆形,油球位于卵黄囊的后下方,平均直径为 0.025 mm。卵黄囊的前端位置紧挨鱼吻,肠道细长,呈直管状,紧贴在油球后方,鱼鳔还未形成,口和肛门未开。初孵仔鱼游动能力差,在各水层倒垂悬浮,偶尔作间歇性蹿动(图 5-2)。

1 日龄仔鱼:全长(2.20±0.071)mm,此时,卵黄囊和油球略微缩小,卵黄囊短径明显缩小,长径变化不明显。鳍膜略微加宽,肠道开始增粗,头部仍紧贴在卵黄囊上方(图 5-2)。

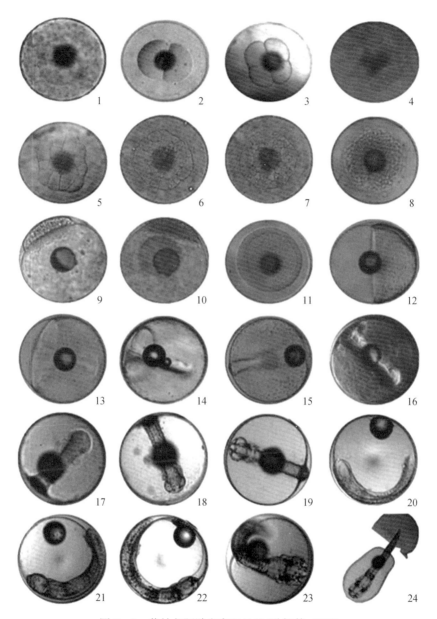

图 5-1　黄姑鱼胚胎发育(×10)(耿智等,2012)

　　1.胚盘形成期；2.2 细胞期；3.4 细胞期；4.8 细胞期；5.16 细胞期；6.32 细胞期；7.64 细胞期；8.桑葚期；9.高囊胚期；10.低囊胚期；11.胚环出现；12.胚盾出现；13.胚体形成；14.卵黄栓形成；15.神经胚期；16.眼泡形成；17.胚孔封闭期；18.色素出现；19.尾芽期；20.尾鳍褶形成；21.尾部游离期；22.耳石出现期；23.出膜前期；24.孵出期

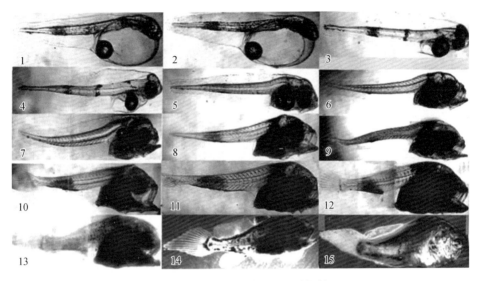

图 5-2　黄姑鱼仔稚鱼发育(×4)(耿智等,2012)

1.初孵仔鱼;2.1 日龄仔鱼;3.2 日龄仔鱼;4.3 日龄仔鱼;5.4 日龄仔鱼;6.6 日龄仔鱼;7.7 日龄仔鱼;8.15 日龄仔鱼;9.16 日龄仔鱼;10.20 日龄仔鱼;11.21 日龄仔鱼;12.25 日龄仔鱼;13.26日龄稚鱼;14.30 日龄稚鱼;15.33 日龄幼鱼(×1)

2 日龄仔鱼:全长(2.35±0.070)mm,卵黄囊明显缩小,紧紧包裹着油球;有星状黑色素出现;鳍膜明显加宽,起始于头部经背部到达尾部;脊索末端出现放射丝;在第3~4肌节的上方,有 1 个无色透明的亮点连接于肌节,可用于黄姑鱼的鉴定;视囊开始凸出,其周围黑色素明显增多;耳石增大,清晰可见;口凹和胸鳍原基出现(图 5-2)。

3 日龄仔鱼:全长(2.51±0.076)mm,卵黄囊完全消失,仔鱼口膜破裂但仍未摄食;仔鱼体表的色素变为树枝状,分布于脊索的背腹侧;视囊呈黑绿色(图 5-2)。

5.2.3.2　前弯曲期仔鱼(4~15 日龄)

此阶段历时 12 d,经过仔鱼开口期,直至尾鳍原基形成,称为前弯曲期。

4 日龄仔鱼:全长(2.65±0.068)mm,仔鱼头部明显增大,能观察到鱼鳔,并且已经充气;口膜破裂成口裂,肛门与外界相通,仔鱼开始摄食轮虫;眼球黑色素加深;胸鳍较发达,呈扇形;胃囊扩大,开始出现胃褶皱;油球体积明显缩小(图 5-2)。

6 日龄仔鱼:全长(2.71±0.065)mm,上下颌和鳃盖形成,上下颌出现牙齿;眼球变黑,囊内耳石清晰;由第 3 肌节伸出的无色透明亮点消失;此阶段最大的变化是提供能量的油球完全消失,仔鱼由混合性营养阶段转为外源性营养阶段(图5-2)。

7日龄仔鱼:全长(2.70±0.073)mm,仔鱼消化管膨大变粗;胸鳍呈蒲扇状,出现鳍条。体色素集中,主要分布在听囊与第2肌节之间、17~21肌节处、直肠背壁和鳔四周,前2处呈棕黄色,后2处为黑色,均为树枝状;仔鱼开始作水平游动,趋光性明显,在水体中集群分布,主要以轮虫为饵(图5-2)。

15日龄仔鱼:全长(3.71±0.374)mm,仔鱼头部和两颚发达,牙齿呈犬牙状外突,上下颌各3对;棕黄色素主要分布在听囊与第3肌节之间和16~22肌节处,呈树枝状,鳔背部和直肠四周黑色素密集分布,呈丝带状。仔鱼游动敏捷,在水体中集群分布更明显(图5-2)。

5.2.3.3　弯曲期仔鱼(16~20日龄)

该阶段历时5 d,从脊椎末端上曲开始至尾下骨后缘与尾索垂直为止。

16日龄仔鱼:全长(3.83±0.347)mm,该日龄的仔鱼与15日龄仔鱼形态基本相似,其最大差别在尾的末端,尾下骨增大了许多,并与尾索呈一定角度(图5-2)。

20日龄仔鱼:全长(4.55±0.328)mm,体色变浅,以棕黄色素为主,在腹腔和臀鳍的基部有少量黑色素;尾下骨后缘与尾索垂直;在水体中集群分布在中上层,主要以轮虫为饵,后期已能摄食卤虫无节幼体(图5-2)。

5.2.3.4　后弯曲仔鱼(21~25日龄)

该阶段历时5 d,从尾卜骨与脊索垂直至各鳍鳍条完全形成。

21日龄仔鱼:全长(4.67±0.403)mm,该期仔鱼胸鳍鳍条已经相当发达,尾鳍鳍条也开始形成;棕黄色素基本分布16~22肌节的整段,在16肌节处体的腹侧出现了臀鳍原基;身体前端体的背侧,出现了背鳍的原基(图5-2)。

25日龄仔鱼:全长(5.16±0.617)mm,仔鱼背鳍外沿逐渐变为弧形,尾鳍呈扇形,背、尾、臀、胸、腹鳍都已经出现骨质鳍条;头部被菊花状黑色素细胞;在水体中逐渐向底层分布,主要以卤虫无节幼体为饵,个体大小差异明显(图5-2)。

5.2.3.5　稚鱼期(26~30日龄)

该阶段历时5 d,从各鳍鳍条形成至全身被鳞。

26日龄稚鱼:全长(6.94±0.862)mm,刚进入稚鱼期的鱼苗,全身被菊花状黑色素细胞,尾部末端已经开始形成鳞片,鱼体颜色较25日龄仔鱼更深一些;主要分布在水体的底层(图 5-2)。

30 日龄稚鱼:全长(11.66±2.290)mm,稚鱼各鳍鳍条已经发育完全;体色变浅呈淡黄色;体表完全覆被鳞片,但鱼体仍有一定透明性;自相残食现象严重(图 5-2)。

5.2.3.6 幼鱼期(31~49 日龄)

31 日龄幼鱼:全长(12.47±2.745)mm,大小差异非常明显;体呈淡黄色,腹部橘黄色,鱼体不再透明,体高明显增大,外观上已经与成鱼无异;分布在水体中下层,并开始集群活动(图 5-2)。

33 日龄幼鱼:全长(15.55±3.31)mm,个体间差异更大,外形与 31 日龄幼鱼基本相同。

49 日龄幼鱼:全长(60.45±6.49)mm,在紧贴于鳔下可见 2 条呈透明细丝状的性腺,肉眼不能分辨雌雄;活动能力强,白天幼鱼集体沿着池壁作环游运动,夜晚则均匀分布在水体下层;幼鱼受到惊吓时,会发出"咕-咕"的叫声。

5.3 黄姑鱼的人工育苗技术

5.3.1 亲鱼的培育

5.3.1.1 室外土池培育

亲鱼来源为天然捕捞或者人工繁殖的黄姑鱼,在人工催产前 50 d 左右挑选优质亲鱼移入室外土池中。土池面积为 5 亩,水深 2 m,长方形,底质为半泥半沙底,池底四周有一环沟,土池两端设有进排水闸门,放鱼前将池塘原有池水排干,曝晒后,用人工把池底表层淤泥清除,然后用 $80×10^{-6}$ 漂白粉全池泼洒消毒,进水 1.5 m 深。池塘中共放入 2 整龄的黄姑鱼亲鱼 600 尾,同时混养 100 尾的赤点石斑鱼亲鱼和 50 尾的条石鲷亲鱼。饲养过程中饲料为冰鲜鱼,每天投喂 1 次,投饵量根据水温及天气情况适当调整。水温 20℃ 以上,投饵率为 5%~10%;水温 14~20℃,投饵率小于 1%;水温 10℃ 以下,停食。如遇大风和阴雨天气少投或不投。大潮水大换水,小潮水小换水,每天定时观测水况及生长、摄食活动,发现问题及时处理并详细记录。

5.3.1.2 室内水泥池越冬培育

黄姑鱼在浙江舟山地区的网箱中可以越冬,但在养殖池塘中越冬较难,当水温长时间低于 8℃ 会造成死亡。当室外养殖塘中的水温在 10℃ 时,结合潮水情况选择晴朗的天气将池塘中的水排干,用围网法将黄姑鱼亲鱼捕捞,在室内进行越冬养殖。越冬池面积 36 m² 方形水泥池,池深 1.8 m,有进排水设施,饲养密度 3.0 kg/m³。越冬过程中投喂冰鲜鱼,每 1~2 d 投喂 1 次,投饲率为 1%~2%;每 2 d 吸底换水 1 次,换水 50%,养殖用水为沙滤海水,盐度 26.5~27.5,pH 保持在 8.0 左右,越冬期间用 2 个 2 kW 的加热棒维持水温,使水温保持在 10℃ 以上;每天观察摄食及鱼体状态,发现问题及时处理(史会来等,2011)。

楼宝等学者于 2008 年在浙江省海洋水产研究所西轩试验场进行黄姑鱼全人工繁育及大规格苗种培育技术研究。其试验中的亲鱼越冬在室内水泥池中进行。越冬过程中投喂冰鲜鱼,每 1~2 d 投喂 1 次,饲养密度为 4.0 kg/m³。人工催产前 50 d 左右挑选优质亲鱼移入室内亲鱼培育池,放养密度 1.5 kg/m³。采用光线、温度、营养三因素综合对亲鱼进行性腺促熟培育。

5.3.2　人工催产孵化

当水温稳定在 18℃ 以上时,检查黄姑鱼亲鱼性腺发育状况,轻轻挤压雄鱼腹部,有乳白色成熟精液流出,雌鱼腹部柔软膨大,且生殖孔红肿外突时,即可进行人工催产。从胸鳍基部或背鳍基部注射激素,催产剂用 LHRH - A 和 HCG 混合激素加维生素 B_{12} 和维生素 C 注射液配置而成。雌鱼注射剂量: LHRH - A 12 μg/kg 鱼 - 18 μg/kg 鱼和 HCG 120 IU/kg 鱼 - 180 IU/kg 鱼,雄鱼注射剂量减半,催产环境的光照强度应保持在 100 lx 以内(楼宝等,2011)。

待产卵后拉网收集受精卵,受精卵用 10 ppm 的聚维酮碘消毒 5 min 后用清洁海水充分洗卵,精水分离好坏受精卵,将上层优质受精卵布池。用微充气孵化法,孵化温度 21℃,盐度 26,溶解氧保持在 5 mg/L 以上,受精卵孵化密度 $3×10^4$~$4×10^4$ 个/m³。虹吸法吸出死卵,防止破坏水质,初孵仔鱼在原池培育。

5.3.3　鱼苗培育

5.3.3.1　仔鱼前期

采用加水培育,培育密度(2~3)万尾/m³,每天加水为池水的 10%~20%,加满为止,微弱充气。育苗池水温保持在 21.0~21.5℃。仔鱼前期为内源性营养期,无需投喂。

5.3.3.2 仔鱼后期

每天换水 2 次,每次换水量为池水的 30%～50%,逐渐加大充气量,培育密度 2 万尾/m³ 左右,每天吸污 1 次,培育池水温 21.0～21.5℃。

5.3.3.3 稚鱼期

每天全量换水 2 次,流水 1 h,加大充气量,培育密度(0.2～0.3)万尾/m³,每天吸污 2 次,培育池水温 21.0～22.0℃。

5.3.3.4 幼鱼早期

每天全量换水 2 次,流水 1 h,加大充气量,培育密度(0.2～0.3)万尾/m³,每天吸污 2 次,培育池水温 23.0～24.0℃。

5.3.4 饵料投喂

初孵仔鱼 2 日龄开口摄食,开口饵料为褶皱臂尾轮虫,投喂前用高浓度小球藻和轮虫强化剂强化 12 h 以上,被强化的轮虫密度控制在 300～500 个/ml;卤虫无节幼体采用营养强化剂强化,强化 12 h 左右;配合饲料为海水鱼类专用饲料。投喂方法:1 日龄不投饵,2～30 日龄投喂轮虫,密度为 5～15 个/ml,于换水后投喂;10～20 日龄,投喂卤虫无节幼体,密度为 0.5～2 个/ml;10 日龄开始驯化投喂配合饲料;1～20 日龄,育苗池中加入小球藻,保持(40～60)×10⁴ 个/ml 的密度。

整个培育过程必须实行饵料交叉投喂。可在培育前期加入少量单胞藻液,形成微绿水环境,用以平衡水质和维持动物饵料的营养水平。开口饵料以选用活饵料为佳。鱼苗长到全长 1 cm 以上时,已达稚鱼期,互相残食日渐加剧,此时需要分期培育,以尽快移至大池为佳。

5.3.5 人工微粒饲料

黄姑鱼鱼苗培育传统的一般采用轮虫、卤虫和桡足类等生物活饵,但是生物饵料成本昂贵,营养不全面,产量不稳定且易携带病原菌等问题,严重制约了黄姑鱼产业的发展。谢中国博士后开展了黄姑鱼仔稚鱼人工微粒饲料部分或全部代替生物饵料的研究。

对仔稚鱼饲料而言,任何一种必需氨基酸的摄入不足都会影响到氨基酸的正常代谢,要制备出经济且营养均衡的饲料,了解仔稚鱼对每种必需氨基酸的特定需求量至关重要(金煜华等,2014)。黄姑鱼仔稚鱼氨基酸的含量见表5-1。

表5-1　黄姑鱼仔稚鱼氨基酸的含量(g/100 g)

氨 基 酸	1 日龄	5 日龄	10 日龄	20 日龄	45 日龄
必需氨基酸					
组氨酸	1.62 ± 0.06^d	1.53 ± 0.04^{cd}	1.44 ± 0.07^{bc}	1.34 ± 0.06^{ab}	1.30 ± 0.05^a
苏氨酸	2.16 ± 0.07^a	2.17 ± 0.07^a	2.31 ± 0.07^b	2.23 ± 0.07^{ab}	2.29 ± 0.06^{ab}
精氨酸	3.06 ± 0.09^b	3.00 ± 0.07^b	2.78 ± 0.08^a	3.83 ± 0.10^c	3.77 ± 0.09^c
缬氨酸	3.19 ± 0.08^b	2.94 ± 0.06^a	2.82 ± 0.05^a	2.92 ± 0.06^a	2.83 ± 0.07^a
蛋氨酸	1.08 ± 0.03^a	1.42 ± 0.03^b	1.41 ± 0.04^b	1.40 ± 0.04^b	1.50 ± 0.04^c
苯丙氨酸	1.97 ± 0.04^a	2.03 ± 0.03^{ab}	2.12 ± 0.06^b	2.04 ± 0.06^{ab}	2.18 ± 0.06^b
异亮氨酸	2.93 ± 0.06^d	2.54 ± 0.04^c	2.46 ± 0.06^b	2.32 ± 0.05^a	2.41 ± 0.05^{ab}
亮氨酸	4.59 ± 0.12^c	4.24 ± 0.15^b	4.17 ± 0.11^{ab}	3.98 ± 0.12^a	4.30 ± 0.13^b
赖氨酸	3.77 ± 0.10^a	3.99 ± 0.11^c	4.61 ± 0.12^c	4.33 ± 0.14^b	5.09 ± 0.15^a
非必需氨基酸					
天冬氨酸	3.34 ± 0.13^a	4.38 ± 0.17^c	4.98 ± 0.16^c	4.97 ± 0.14^c	5.30 ± 0.17^d
谷氨酸	6.78 ± 0.17^a	7.07 ± 0.20^b	7.79 ± 0.20^b	7.56 ± 0.21^b	8.59 ± 0.22^e
丝氨酸	2.44 ± 0.09^b	2.42 ± 0.07^b	2.44 ± 0.08^b	2.28 ± 0.07^a	2.37 ± 0.07^{ab}
甘氨酸	1.84 ± 0.06^a	2.20 ± 0.03^c	2.83 ± 0.08^c	3.76 ± 0.17^d	4.65 ± 0.15^e
丙氨酸	4.44 ± 0.12^d	4.18 ± 0.10^a	3.23 ± 0.09^a	3.09 ± 0.11^a	3.94 ± 0.12^b
酪氨酸	1.84 ± 0.05^b	1.87 ± 0.03^b	1.87 ± 0.05^b	1.86 ± 0.06^b	1.67 ± 0.04^a
半胱氨酸	0.12 ± 0.01^a	0.12 ± 0.01^a	0.15 ± 0.01^a	0.18 ± 0.02^b	0.14 ± 0.02^a
脯氨酸	2.10 ± 0.08^b	2.13 ± 0.06^c	2.26 ± 0.03^c	2.12 ± 0.04^b	0.90 ± 0.03^a
必需氨基酸总量	24.37	23.86	24.12	24.39	25.67
非必需氨基酸总量	22.90	24.37	25.55	25.82	27.56
氨基酸总量	47.27	48.23	49.67	50.21	53.32

注:表中的数据为平均值±标准差;同一行中不同的上标字母表示差异显著性($P<0.05$)

黄姑鱼仔稚鱼发育阶段的游离氨基酸含量见表5-2。1日龄的仔稚鱼游离氨基酸含量最高,为12.134 g/100 g;45日龄仔稚鱼的游离氨基酸含量最低,为1.497 g/100 g。

表5-2　黄姑鱼仔稚鱼游离氨基酸的含量(g/100 g)

氨 基 酸	1 日龄	5 日龄	10 日龄	20 日龄	45 日龄
必需氨基酸					
组氨酸	0.407 ± 0.011^e	0.278 ± 0.006^d	0.132 ± 0.003^b	0.156 ± 0.004^c	0.052 ± 0.001^a
苏氨酸	0.675 ± 0.013^e	0.435 ± 0.011^c	0.255 ± 0.007^b	0.461 ± 0.012^d	0.039 ± 0.001^e

（续表）

氨 基 酸	1日龄	5日龄	10日龄	20日龄	45日龄
精氨酸	0.958±0.023[e]	0.531±0.013[c]	0.312±0.008[b]	0.706±0.016[d]	0.007±0.001[e]
缬氨酸	1.010±0.024[e]	0.632±0.004[d]	0.140±0.003[b]	0.281±0.004[c]	0.043±0.001[e]
蛋氨酸	0.449±0.010[d]	0.251±0.003[c]	0.107±0.003[b]	0.251±0.005[c]	0.026±0.001[e]
苯丙氨酸	0.574±0.013[d]	0.321±0.007[c]	0.134±0.005[b]	0.330±0.006[c]	0.027±0.001[e]
异亮氨酸	1.060±0.020[e]	0.432±0.005[d]	0.146±0.003[b]	0.317±0.004[c]	0.039±0.001[e]
亮氨酸	1.650±0.026[e]	0.115±0.003[b]	0.241±0.004[c]	0.595±0.012[d]	0.060±0.001[e]
赖氨酸	1.250±0.017[e]	1.050±0.026[d]	0.346±0.005[b]	0.786±0.002[c]	0.039±0.001[e]
非必需氨基酸					
天冬氨酸	0.127±0.006[a]	0.177±0.008[c]	0.318±0.005[d]	0.563±0.09[e]	0.146±0.003b
谷氨酸	0.562±0.012[c]	0.572±0.011[c]	0.504±0.010[b]	0.832±0.013[d]	0.273±0.004[e]
丝氨酸	0.055±0.001[d]	0.014±0.001[b]	0.013±0.001[ab]	0.051±0.001[c]	0.012±0.001[e]
甘氨酸	0.355±0.004[d]	0.312±0.004[c]	0.241±0.003[b]	0.215±0.003[a]	0.318±0.006 c
丙氨酸	0.063±0.007[d]	0.040±0.001[c]	0.001±0.001[a]	0.030±0.001[b]	0.002±0.001[e]
酪氨酸	1.920±0.026[e]	0.780±0.008[d]	0.322±0.001[b]	0.510±0.004[c]	0.171±0.003[e]
半胱氨酸	0.544±0.014[e]	0.372±0.007[c]	0.158±0.001[b]	0.413±0.003[d]	0.034±0.001[e]
脯氨酸	0.475±0.012[e]	0.236±0.001[c]	0.204±0.001[b]	0.373±0.003[d]	0.063±0.001[e]
必需氨基酸总量	8.033	1.05	1.945	3.883	0.332
非必需氨基酸总量	4.101	2.503	1.761	2.987	1.165
氨基酸总量	12.134	3.553	3.706	7.250	1.497

金煜华（2014）研究了不同工艺制备的微粒饲料替代生物活饵对黄姑鱼仔稚鱼生长的影响,作者采用等量的明胶分别作为黏合剂和包衣壁材制备微黏饲料和微胶囊饲料,并以饲喂桡足类的仔稚鱼作为对照,结果表明微胶囊饲料组的黄姑鱼仔稚鱼在增重率、成活率、消化酶活力方面均高于微黏饲料组。作者在此研究基础上,进一步采用湿法制粒流化床包衣工艺制备壁材分别为明胶、玉米醇溶蛋白、乙基纤维素的微胶囊饲料,研究其对黄姑鱼仔稚鱼生长和消化酶活力的影响,结果表明明胶比乙基纤维素、玉米醇溶蛋白更适合作为黄姑鱼仔稚鱼的微胶囊饲料的壁材。

黄姑鱼仔稚鱼体脂肪酸的变化模式见表5-3,黄姑鱼仔稚鱼发育过程中的主要脂肪酸为: 16∶0、18∶0、16∶1、18∶1和DHA,其总量占脂肪酸总量的70%（金煜华,2014）。

表 5-3 黄姑鱼仔稚鱼脂肪酸组成(占总脂肪酸的质量百分比)

脂肪酸	1 日龄	5 日龄	10 日龄	20 日龄	45 日龄
14:0	4.00±0.06[e]	3.06±0.05[d]	1.79±0.04[b]	1.69±0.04[a]	2.20±0.03[e]
15:0	0.64±0.01[b]	0.73±0.02[c]	0.98±0.02[e]	0.78±0.02[d]	0.58±0.01[a]
16:0	21.69±0.32[a]	24.32±0.35[b]	29.31±0.37[c]	24.95±0.38[b]	22.27±0.36[a]
18:0	13.50±0.19[d]	11.28±0.17[c]	10.12±0.18[b]	13.67±0.16[d]	7.38±0.14[a]
20:0	0.32±0.01[b]	0.53±0.02[d]	0.48±0.01[c]	0.48±0.01[c]	0.21±0.01[a]
16:1n-9	15.9±0.21[e]	7.32±0.08[d]	4.45±0.05[b]	4.18±0.04[a]	6.32±0.07[c]
16:1n-7	0.32±0.01[a]	0.64±0.02[c]	0.52±0.01[b]	1.40±0.03[d]	0.64±0.02[c]
18:1n-9	14.87±0.21[b]	15.02±0.23[b]	11.94±0.16[a]	16.17±0.15[c]	16.23±0.16[c]
18:1n-7	2.23±0.07[c]	2.00±0.03[c]	1.85±0.03[a]	4.15±0.05[e]	3.32±0.04[d]
16:2n-6	0.81±0.02[c]	0.65±0.02[b]	1.84±0.04[d]	0.38±0.01[a]	0.64±0.01[b]
18:2n-6	0.34±0.01[a]	0.92±0.03[c]	0.77±0.02[b]	1.83±0.04[d]	1.95±0.04[e]
20:4n-6 (ARA)	0.50±0.01[a]	1.02±0.02[b]	2.32±0.03[d]	3.31±0.04[e]	1.53±0.02[c]
16:4n-3	0.72±0.02[c]	0.53±0.01[a]	0.68±0.02[b]	0.95±0.03[d]	0.56±0.02[a]
18:3n-3	0.53±0.02[a]	0.80±0.03[b]	1.02±0.03[c]	1.83±0.04[a]	1.29±0.04[d]
18:4n-3	0.45±0.02[d]	0.44±0.02[d]	0.12±0.01[a]	0.16±0.01[b]	0.34±0.01[c]
20:5n-3 (EPA)	2.82±0.06[b]	3.07±0.07[c]	3.23±0.05[d]	2.44±0.04[a]	4.51±0.06[e]
22:6n-3(DHA)	11.27±0.26[a]	13.56±0.27[b]	19.26±0.28[d]	11.08±0.24[a]	14.13±0.25[c]
饱合脂肪酸总量	41.66	39.39	42.68	41.57	32.64
单不饱合脂肪酸总量	33.32	24.98	28.88	25.90	26.51
多不饱合脂肪酸总量	17.43	20.99	28.93	21.98	24.95
n-6 HUFA	1.65	2.59	4.93	5.52	4.12
n-3 HUFA	15.78	18.40	24.06	16.46	20.83

5.3.6 日常管理

每天要检查鱼苗的摄食情况及池中饵料生物量,以便确定投喂量的增减;同时对苗种进行筛选分箱和鱼体消毒;定期测量生长、观察鱼苗的形态和生态变化;每天清污 1 次,保持水质。

5.3.7 病害防治

5.3.7.1 预防

将市售的山楂、麦芽、枸杞等中草药按一定的比例混合加入到砂锅中,加水熬制成一定浓度的浓缩液,轮虫、卤虫无节幼体等生物饵料在投喂前用该浓缩液强化 12 h 以上,以增强鱼苗的消化能力和免疫水平。后期培育主要依靠加大换水量来达到预防疾病的目的。

5.3.7.2 红圈病治疗

黄姑鱼育苗的前期,由于换水量不够等,育苗池底出现了红圈,并且扩展非常迅速,如不采取措施,会引起鱼苗大量死亡,采用 1 ppm 的复方新诺明全池泼洒 3 d,治疗效果明显。

5.3.7.3 拖便病治疗

黄姑鱼仔鱼开始摄食卤虫无节幼体时,会出现部分拖便现象,如不采取措施会出现批量死亡,采用 1 ppm 的呋喃唑酮全池泼洒,连续用药 3 d,治疗效果明显。

5.4 黄姑鱼的人工养殖技术

5.4.1 海区的选择

黄姑鱼经 40～50 d 的培育,鱼苗全长达 40～50 mm 时,即可出池转移到海区网箱进行大规格苗种培育。选择风浪较小,水深 5 m 以上,潮流畅通,流速小于 1.0 m/s 的海区。经挡流、分流和网箱组排等措施后网箱内流速小于 0.2 m/s 的海区进行大规模苗种培育。利用多参数水质测定仪(YSI 650)监测养殖海区的表层水温、pH、盐度、溶解氧(DO)等环境因子,每月测定 1 次。

5.4.2 网箱要求

网箱的网目规格分别为 15 mm、20 mm、35 mm 和 50 mm;网箱规格分别为 3.5 m×2.5 m×1.5 m、3.5 m×2.5 m×2.5 m、3.5 m×2.5 m×3.5 m 和 3.5 m×2.5 m×5 m。前两种网目规格适用于养殖 4 kg 以下的幼鱼,后两种规格适用于养殖 4 kg 以上的幼鱼和亲鱼(刘巧灵,2009)。

5.4.3 放养密度

黄姑鱼网箱养殖的放养密度与个体发育快慢有关。幼鱼全长 40～50 mm 的放养密度为 20～33 尾/m³,最佳密度为 25～28 尾/m³;幼鱼全长 90～120 mm 的放养密度为 20～25 尾/m³。正常情况下,幼鱼每 15～20 d 调整一次放养密度并根据鱼体大小调换网箱网目规格。当全长达到 210 mm 以上时,根据鱼体不同大小分网养殖。

5.4.4　鱼苗的运输

视运输距离长短与鱼苗的规格大小而定,活水船运输密度为 1.0 万～4 万尾/m³;充氧塑料薄膜袋包装运输宜在 15℃以下进行,每袋 200～800 尾。

5.4.5　鱼苗的放养

选择在小潮汛,低平潮流缓时投放鱼苗。低温季节选择在午后无风晴好天气;高温季节选择天气阴凉的早晚进行。

5.4.6　饲料与投喂

黄姑鱼的饲料种类有幼鳗饲料、蓝圆鲹。金色小沙丁鱼、狗母鱼类、条尾鲱鲤和竹荚鱼等。幼鱼全长 20～30 mm 摄食饲料要求先去鳞及骨、刺,然后用孔径 2 mm 的绞肉机绞碎,加幼鳗饲料拌匀,每两天投 1 次,日投饵为体重的 16%～20%。随着鱼苗的生长,投料量和投喂次数根据具体情况而定。当鱼体全长达到 230 mm 时,投喂块状或整条小鱼、小虾,早晚各投 1 次,投料量为体重的 7%～10%。

5.4.7　日常管理

为保持网箱清洁卫生,预防疾病和保障水体交换畅通,高温季节应对网箱及时清洗和更换,但不同于其他海水鱼网箱养殖的是,尽量减少换网、清洗的次数(2 月 1 次)或不换;同时对苗种进行筛选分箱和鱼体消毒;每天定时观测水况及苗种生长、摄食活动,发现问题及时处理并详细记录。

5.4.8　疾病预防

鱼苗入箱前要严格检查、消毒,严防病鱼进入网箱;饵料一定要及时投喂新鲜饵料,以免造成肠炎等细菌感染;在保持水流畅通同时,做好药物预防,定期对网箱及其周围水体进行安全药物泼洒;发现病鱼及时隔离,并用安全药处理;随着鱼苗的生长,要依大小及时进行分箱养殖,以免密度过大造成疾病。

第6章 眼斑拟石首鱼

6.1 眼斑拟石首鱼的生物学特征

6.1.1 分类地位及分布

眼斑拟石首鱼(*Sciaenops ocellata*),隶属于鲈形目石首鱼科拟石首鱼属,俗名美国红鱼,原产墨西哥湾和美国西南部沿海(毛兴华,1997)。美国红鱼抗逆性强,生长快,适温、适盐范围广,耐低氧能力强,饵料要求低且来源广泛;并且养殖方法简单、管理方便,繁育技术已臻成熟,我国台湾省和大陆分别在1987年、1991年从美国引进红鱼进行驯化,培育出亲鱼进行规模化繁育。经过十余年来的研究和推广,目前美国红鱼已在海南、广东、广西、福建、浙江、江苏、山东、辽宁等省(自治区)形成较大养殖规模,取得了良好的经济效益,现已成为我国海水养殖的一个重要鱼种。

6.1.2 形态特征

美国红鱼体呈纺锤形,侧偏,背部略微隆起,以背鳍起点处最高。背鳍Ⅸ-Ⅹ-12-23;胸鳍1对,12;腹鳍1对,1-5;臀鳍1-8;尾鳍17。美国红鱼的外形与大黄鱼、黄姑鱼、白姑鱼等相似,但有明显区别,腹部以上的体色微红,尾柄基上方有1~4个较大的黑色斑点,尾鳍边缘呈蓝色。头中等大小,全长为体高的2.65~2.7倍,体长为体高的2.0~2.1倍,尾柄长为尾柄高的1.8~1.9倍。口裂较大,端位。齿细小,紧密排列,较尖锐。鼻孔2对,后1对呈椭圆形,略大。眼上侧位,后缘与口裂末端平齐,中等大小,位于头的两侧。前鳃盖边缘锯齿状,后鳃盖边缘有2个尖锐的突起。栉鳞、侧线明显;背鳞与侧线之间具鳞4~5行,侧线鳞46~51,侧线上鳞6;侧线下鳞8;背鳍连续,基底长,鳍棘与鳍条之间有一段下凹;尾鳍半月形。背部呈浅黑色,鳞片呈银色;腹中部两侧呈粉红色,这是该鱼俗称"美国红鱼"的由来(王波等,2002)。

6.1.3　栖息习性

美国红鱼为近海广盐、暖水性鱼类,成鱼可在5～45的盐度中正常生长发育,网箱和池塘养殖试验发现盐度的适宜范围是20～35,生存水温2～33℃,最适宜生活水温18～25℃(侯俊利,2000)。美国红鱼喜欢集群,游泳迅速,洄游习性明显。在繁殖季节,大个体从水域深处游向近岸浅水区和河口处进行繁殖。野生的红鱼在美国得克萨斯州近岸水域一直滞留到12月或翌年1月,然后随着水温的下降才迁移到深水区域越冬。

6.1.4　食性

属肉食性杂食鱼类。在自然水域中,仔鱼主要以桡足类等小型甲壳类的无节幼体和轮虫为食;稚鱼阶段主要捕食桡足类及虾、蟹的幼虫等;幼鱼和成鱼主要摄食甲壳类、头足类和小型鱼类,也食多毛类、沙蚕等。也喜食人工配合饲料,但至今还没有美国红鱼专用配合饵料。

美国红鱼的食量大,消化速度快。个体的最大摄食量可达鱼体重的40%。在人工饲养的条件下,饱食后停留片刻,若再投喂对虾、鹰爪虾、乌贼等饵料,仍然会凶猛争抢。尤其是仔、稚鱼阶段,有连续摄食的现象,夜间也不停止摄食。如果食物不足,体长2～4 cm自相残食的现象比较严重;体长5 cm后,自残现象有所降低。

6.1.5　生长习性

美国红鱼的生长速度很快,在原产地,当年的个体可长到500～1 000 g,最大个体能达到3 000 g。此鱼在10℃以下停止生长,20℃以上生长迅速,日增重可达3.4 g以上。人工养殖条件下,在我国南方1年可达1 000 g,但是由于北方地区高温季节的时间短,所以1年才长到500 g左右。相同年龄的雌鱼比雄鱼大,在自然水域中发现的最大雌性个体重43 kg,而雄鱼只有14 kg。

6.1.6　繁殖习性

在自然水域中,雄性美国红鱼3龄性成熟,雌性4龄。自然繁殖季节为夏末至秋季,温度为25℃左右。成熟的亲鱼聚集于近岸浅水水域产卵,雌鱼的怀卵量大,卵分批排出,每次产卵间隔时间为 10～15 d,每次产卵持续 2～3 d,产卵量 5 万～200 万粒,多者可达 300 万粒以上。卵为浮性卵,直径在 0.9～1.0 mm。在 23～25℃条件下,24 h 左右即可破膜孵出仔鱼,孵出后 3 d 内靠卵黄营养而生长,3 d 后开始摄食桡足类无节幼虫和轮虫。美国红鱼一般一年产 1 次卵,在适宜的温度和光照控制下,可以使红鱼常年连续产卵(张其永,2001)。

6.2 眼斑拟石首鱼的人工育苗技术

6.2.1 亲鱼的培育与催产

6.2.1.1 亲鱼培育

亲鱼应选择 4 龄以上,体重 8 kg 以上,体长大于 75 cm,色泽和体色正常,未受伤、无残、健康活泼的个体。挑选亲鱼时要注意辨别性别,并做好标记,按雌雄比例(1～2):1 放入亲鱼池暂养。

亲鱼培育池为椭圆形或长方形,容积为 30～50 m³。水质的控制通过换水实现,对水质的要求为:水温 15～30℃;盐度 28～35;pH 7.5～8.5;氨＜0.5 mg/L;溶解氧＞5 mg/L。投喂乌贼、鹰爪虾为主,辅以沙丁、黄鲫、玉筋鱼等杂鱼,每天 1 次,日投喂量为鱼体重的 3%～5%,日换水 1～2 次,每次换水量为 30%～50%,以达到水质标准要求。

6.2.1.2 人工催产

在催产注射前,对性腺进行检查,对于雄性美国红鱼轻压腹部若能挤出精液并进行检测,通常不能注射激素;雌性美国红鱼采用卵巢活体组织检查,当卵发育至呈灰黄色,边缘模糊,卵径大于 0.5 mm,性腺达Ⅳ期或Ⅳ期末,按雌雄比例 1:1 选出,用 MS-222 麻醉剂,以 122 mg/L 的剂量进行麻醉,每千克雌鱼一次性注射绒毛膜促性腺激素(HCG)5 mg(500～600 IU/kg)或促黄体素释放激素类似物(LRH-A)150 μg 或地欧酮(DOM)40 μg＋鲑鱼促性腺激素释放激素类似物(SGnRH-A)40 μg。雄性美国红鱼若需催产,则其剂量减半。注射后将亲鱼放入产卵池中配对(刘洪杰等,1998)。

6.2.2 产卵与孵化

将待产卵的亲鱼放入产卵池中,用布帘遮光,适当充气,保持清新水质,每隔4h进行半小时的流水刺激,一般经过24～27h,亲鱼就会产卵排精。在亲鱼产卵过程中,需要严格保持产卵池的安静环境,并且随时观察亲鱼的活动情况。在产卵前3～4h,近傍晚时开始求偶追逐,日落前1h,雄鱼开始活泼,雌鱼绕池边游动,雄鱼追逐并触碰雌鱼,此时开始排卵排精,卵可以由1尾或数尾的雄鱼排出的精子受精。如不能顺利自然产卵,则采用半干法进行人工授精。产卵条件成熟,即在光照时间为10h、水温为23℃时,采用控制光照和水温来控制产卵时间和持续时间,可以在常年任何季节培育亲鱼和开展人工育苗。

受精卵为浮性端黄卵,一般在水温24℃,盐度28～30条件下,26h可孵出,具体发育进程见表6-1。

表6-1　美国红鱼胚胎发育主要进程

发　育　时　期	受精后时间
胚盘隆起	10 min
2细胞期	20～30 min
4细胞期	50 min
8细胞期	1 h15 min
16细胞期	1 h35 min
高囊胚期	3 h40 min
低囊胚期	5 h30 min
原肠初期	6 h
眼囊期	12 h30 min
克氏泡出现	13 h30 min
尾芽期	20 h
孵化出膜期	26 h

6.2.3　苗种培育

6.2.3.1　水泥池育苗

仔鱼出膜后放在水泥池进行培育。加入小球藻(浓度为 $30×10^4$ ～ $50×10^4$ cell/m^3)。仔鱼早期培育密度为(2～4)万尾/m^3,每天1次的换水量为1/5～1/3。后期培育密度为(0.2～0.4)万尾/m^3,每天1次的换水量从1/3增加到1/2。海水 pH 7.5～8.2,溶氧量 5.5 mg/L 以上,池水透明度30～40 cm。饲料种类有:经小球藻强化的褶皱臂尾轮虫、卤虫无节幼体及桡足类。

6.2.3.2　土池育苗

稚鱼全长 10～15 mm 就可移到室外土池培育。土池面积在3～10亩,水温

22℃以上,盐度 25～35 为宜。放苗前应做好清池消毒、进水过滤和肥水培育天然生物饲料等工作。放苗时选择无风的晴天早晚进行,放苗点选在避风坐北向南的池边,每亩放苗(15～20)万尾。放苗 2～3 d 后开始投喂适量鱼糜或人工配合饲料。投喂量根据水质、苗种密度、浮游动物量等情况灵活掌握。在鱼苗培育阶段,应特别注意水质和水温的变化,随着鱼苗的不断长大,及时添加新水,必要时换水,在添换水时,温差控制在 2℃ 以内。

6.3　眼斑拟石首鱼的人工养殖技术

6.3.1　池塘养殖技术

6.3.1.1　池塘处理与准备

池塘面积一般为 5～10 亩,水深以 1.5～2.5 m 为宜。为保证美国红鱼良好的生长环境和充足的生物饵料,需对池底进行彻底的清淤和消毒。清淤后,池内进水 10 cm,然后每亩撒生石灰 75 kg,2 d 以后将池水排出,注入新水 90～100 cm。

6.3.1.2　放养规格和密度

当土池水温稳定在 16℃ 以上时,可将室内培育的体重规格 2.0～4.5 g 鱼苗投放到池内,投放密度为 1 500 尾/亩。

6.3.1.3　养成期管理

饲料投喂要保证定质、定量、定时、定位。定质要求投喂的饲料必须营养全面,大小适中,严禁投喂腐败变质的饲料。美国红鱼的饵料有鲜杂鱼虾和配合饵料两种,鲜杂鱼虾的饵料系数 8～9,人工配合饵料中饵料系数为 1.5 左右,以浮性饵料为好。

定量即根据养殖鱼的规格、数量、环境条件及鱼的生理状况等,科学合理地制订每日投饵量。一般来说,应按池中所养鱼总体重的 2%～5% 投喂。养殖初期体重 100 g 左右时,按鱼重 10% 的量投喂,以后随着鱼体的长大逐渐减少比例,在鱼重达 0.5 kg 之前,日投饵料按鱼体重的 3%～5%,体重达 0.5 kg 后,按鱼体重的 2% 投喂。如遇天气沉闷、大雾等不利气候或发现有鱼病等情况,要适当减少投饵量。

投喂要求定时、定位。定时即按时投饵,一般每天投喂 2 次,上、下午各 1

次,上午 8～9 点 1 次,下午 3～4 点 1 次。在池塘水质较好处设置饵料台,每个饵料台 1 m²,设在水下 0.5～1 m 处,使美国红鱼易去饵料台摄食。

注意调节水质。通常养殖密度为 500 尾/亩时,日平均水体交换率应在 10% 左右;而放养密度为 1 000～1 500 尾/亩时,日水体交换率分别应达到 20%～30%。

定期检查,做好养殖记录。在养殖生产中,每月要撒网检查鱼的体质状况,观察鱼的生长和有无病鱼出现,以便及时采取相应措施。记录的内容包括鱼种放养日期和数量、生长和病害出现情况、温度、盐度、水化学及浮游植物的测定产量情况等数据。

6.3.2　海水网箱养殖技术

6.3.2.1　海区的选择

美国红鱼适应于混水区生活,耐低氧能力强,养殖海域较为广泛。一般选择风浪不大,能避东南—南风和台风时的东北风;水流畅通,流速适中;海区水深 8～12 m;水质清新,无污染源,饲料来源方便,交通便捷地区即可(徐建峰,2011)。

6.3.2.2　放养规格和密度

一般在 3 m×3 m×3 m 型网箱中,体长为 2.5～3 cm 的鱼苗放 250～300 尾/m³,体长 7～10 cm 的苗种放 120～150 尾/m³;深水网箱应放养体长 15 cm 以上的苗种,密度以 50～80 尾/m³ 为宜。

6.3.2.3　日常管理

换网:美国红鱼喜欢顶流活动,抗风浪性强,在水流畅通的环境下能快速生长,如果大个体鱼还养在细目网箱中,生长会受到抑制。一般体长 120 mm 的鱼种,养殖网箱的网目为 15 mm;200 mm 以上的鱼种,养殖网箱的网目为 25 mm;体重 250 g 的红鱼,养殖网箱的网目为 40～50 mm。但每换网一次,红鱼有 3～4 d 摄食不正常,因此换网次数不宜过勤,一般前期 10～15 d 换一次,后期每月换一次,换网时尽量避免过分惊扰和损伤个体。

饲养:投饵率一般为体重的 5%～10%,防止暴食和饥饿。鲜杂鱼日投喂量按照鱼体重的 10%,浮性配合料按体重的 4% 投喂。

安全检查及管理:每周检查网箱框架、网具、网盖等部位,防止苗种逃逸。

在养殖期间,应做好日常饲养管理记录,定期测量体长、体重。

6.4 眼斑拟石首鱼的病害防治

美国红鱼虽然抗病能力较强,但在人工养殖条件下也会暴发疾病,以下面 3 种常见病害为例,介绍其防治方法。

6.4.1 淋巴囊肿病

病原 淋巴囊肿病毒。

症状 鱼体消瘦,生长缓慢,游动缓慢,外界刺激反应迟钝,食欲减退。一般发生在成体。

防治方法 目前无特异性治疗方法,以预防为主。可使用碘伏进行药浴或制成药饵投喂。

6.4.2 链球菌病

病原 链球菌。

症状 体色发暗,鳃贫血发白,眼球充血、肿大、突出,鳍条充血、溃烂,体表尾部有溃烂并有出血点,腹腔常有积水。

防治办法 使用鱼用强力霉素混入饲料投喂,剂量为每千克鱼 $30\sim50\ \mu g$。

6.4.3 原虫病

病原 淀粉卵甲藻。

症状 病鱼浮于水面,呼吸加快,口不能闭,食欲差或不摄食,体表有许多小白点。

防治办法 用淡水浸泡 $4\sim5$ h,或者用硫酸铜、硫酸亚铁 $7:3$ 混合液药浴,使用浓度 $1\ \text{mg/L}$,持续 $3\sim5$ d。

第7章 鲻

7.1 鲻的生物学特征

7.1.1 分类地位及分布

鲻(*Mugil cephalus* Limmaeus),隶属于鲻形目鲻科,俗称白眼、乌鲻、乌头。广泛分布于北纬 42°至南纬 42°的大西洋、印度洋和太平洋等各地沿岸海域,我国沿海均有分布,尤以南方沿海较多(Thomson,1955)。主要渔场在沿海各大江河口区,产季全年都有,汛期自 10 月至翌年 12 月。鲻肉质细嫩,味道鲜美,是质优价高的名贵鱼类之一。鱼卵可制作鱼子酱,深受消费者喜爱。此外,鲻还具有较高的药用价值。鲻个体大、生长快、食物链级次低,世界上许多国家都将鲻列为海淡水的重要养殖种类(施兆鸿等,2010)。

7.1.2 形态特征

鲻体延长,前部亚圆筒形,后部侧扁,被圆鳞或若栉鳞。口小而平横,上颌中央有 1 缺刻,下颌边缘锐利,中央有 1 突起,上颌骨全被眶前骨遮盖。脂眼睑发达,胸鳍短于吻后头长,背鳍 2 个,相距远,4 鳍棘 9 鳍条,臀鳍 3 鳍棘 8~9 鳍条,尾鳍叉形。一般体长 20~40 cm,最大可达 80 cm,体重一般 2~5 kg。

7.1.3 栖息习性

鲻为温、热带浅海中上层鱼类,喜栖息于港湾和河口咸淡水水域。鲻性活泼,急躁,感觉灵敏,游泳迅速,喜游于水面,受到惊吓等应激情况,能跳跃出水面高至 1 m。鲻对水温、盐度的适应能力很强,能在 3~35℃的水域生存,最适水温 12~25℃,盐度适应范围 0~45(吴文婵,2012)。

7.1.4 食性

鲻食性属于杂食性,食底泥中的有机质及腐屑等。也刮食水底泥表的硅藻、桡足类、多毛类及小虾和小型软体动物。

7.1.5 生长习性

鲻4~10月生长速度较快,11月生长开始减慢,持续至翌年2~3月,其体长和体重相对增长率的年变化规律基本与池塘水温年变化一致。

7.1.6 繁殖习性

鲻雌雄异体,3年性成熟,雌雄个体差异不大,雌性略大。繁殖季节为11月至翌年2~3月,成熟的卵径在890~980 μm,个体怀卵量在48万~480万粒(体重范围750~2 450 g)(区又君,2008)。

7.2 鲻的人工育苗技术

7.2.1 亲鱼培育与催产

7.2.1.1 收购暂养及强化培育

收购鲻亲鱼为10月至翌年1月,此时气温较低,鱼体损伤较小。收购后放入暂养池暂养,池面积一般40 m²,水深1.2 m,有独立进、排水口;池底向排水孔以一定的坡度倾斜,坡度比为1∶100,以利于排水。具备供电、供水、供气、增温等系统。养殖用水为沉淀24 h后经砂滤池过滤后的自然海水,水温维持20℃以上,盐度26~28。使用的饲料为冰鲜鱿鱼,每日投喂2次,日投饵率为5%~10%。

暂养10~15 d后,选择体质强壮,体形正常,个体较大,体表无伤的4龄以上亲鱼至强化池培育。一般要求雌鱼体重1200 g以上,雄鱼1400 g以上,雌雄性比1∶(1.5~2)。强化池面积为40 m²,水深1.2 m,有独立进、排水口。每天换水2次,换水量为100%。避免直射光,光照强度为500~1 000 lx。养殖用水为沉淀24 h后经砂滤池过滤后的自然海水,放养密度1.5 kg/m³,培育水温20~22℃,盐度30~35,DO≥5 mg/L,pH 7.5~8.5。使用的饲料为缢蛏肉,每天投喂2次,日投饵率为5%~10%。每天观察产籽情况,定期抽样检测鲻性腺成熟情况。

7.2.1.2 促熟及催产

每次选择性腺发育良好的雌雄亲鱼各 10～15 尾进行催产。催产激素选择促黄体素释放激素(LRH‐A₂)和绒毛膜促性腺激素(HCG)混合注射。雌鱼注射剂量为 LRH‐A₂ 5 μg＋HCG 1 000 IU/kg,雄鱼剂量减半。次日,亲鱼池停气后拉网收集受精卵,并置于 300 L 塑料桶中,加入适量砂滤自然海水,静置 3 min,收集上层优质受精卵。

7.2.2 苗种培育

7.2.2.1 水泥池育苗

水泥育苗池水深约 1 m,初孵仔鱼放苗密度为 2 万～3 万尾/m³,水温宜控制在 20～22℃。饵料系列为单胞藻、褶皱臂尾轮虫、桡足类、卤虫无节幼体和配合饲料。具体操作如下:

(1)仔鱼前期(1～5 日龄):采用加水培育,培育密度 2 万～3 万尾/m³,每天加水为池水的 10%～20%,加满为止,微弱充气。育苗池水温保持在 20.0～22.0℃。

(2)仔鱼后期(6～11 日龄):每天换水 2 次,每次换水量为池水的 30%～50%,逐渐加大充气量,培育密度 1 万～2 万尾/m³,每天吸污 1 次,培育池水温 20.0～22.0℃。

(3)稚鱼期(12～23 日龄):每天换水 2 次,每次换水量为池水的 50%～100%,培育密度 0.5 万～1 万尾/m³,每天吸污 2 次,培育池水温 20.0～22.0℃。

(4)幼鱼期(24 日龄以后):每天全量换水 2 次,流水 1 h,加大充气量,培育密度 0.1 万～0.3 万尾/m³,每天吸污 2 次,培育池水温 20.0～22.0℃。

单胞藻培育共分三级:一级培育为藻种保存,用 500 ml 的三角烧瓶,并置于恒温箱中,所用海水必须经砂滤和沸腾;二级培育为中间培育,在体积为 50 000 ml 的塑料桶中进行,海水经砂滤,但不沸腾、充气;三级培育为大池培育,生产性培育,培育的微绿球藻主要用于育苗池和轮虫培育,必须在加入营养盐 3 d 后,才能使用,防止过量的氮、磷、有机肥进入育苗池。

轮虫的培育:培育方法较简单,采用微绿球藻结合干酵母培养,充气量大,每天微加水,但不换水,至少半个月以上翻池 1 次,培养密度可达 200 尾/ml 以上,投喂前用微绿球藻和轮虫强化剂进行强化,强化时间 12 h 以上。

卤虫的孵化:卤虫卵适量置于孵化桶中,水温保持 28℃,充气量大,24 h 后可停气去壳使用,孵化率在 80% 左右,使用前必须经 12 h 的营养强化。

育苗生产中单胞藻、轮虫、卤虫和配合饵料的使用如图 7-1 所示。

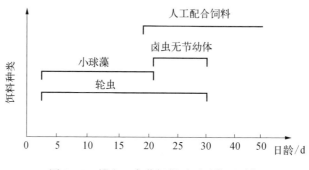

图 7-1 鲻人工育苗饵料系列及使用时期

初孵仔鱼 3 日龄开口摄食,开口饵料为褶皱臂尾轮虫,投喂前用高浓度微绿球藻强化 12 h 以上,被强化的轮虫密度控制在 300~500 个/ml;卤虫产地为河北,无节幼体强化采用康克 B 鱼类人工育苗营养强化剂,强化 12 h 以上;配合饵料为正规厂家出厂的海水鱼类苗种培育专用饵料。投喂方法:1~2 日龄不投饵,3~20 日龄投喂轮虫,密度为 10~15 个/ml,于换水后投喂;20~30 日龄,投喂卤虫无节幼体,密度为 0.5~2 个/ml;18 日龄开始驯化投喂 2 号配合饵料,驯化期采用少量多次的投喂方法,驯化成功后投喂量视鱼苗的消化道饱满程度和观察池底残饵情况决定;2~20 日龄,育苗池中加入小球藻,保持 40 万~60 万个/ml 的密度。

7.2.2.2 土池育苗

土池面积 1~3 亩,水深以 1.5 m 为宜,池底平坦,淤泥 5~10 cm。新塘在塘底平整或铺上细砂后,曝晒数天;老塘需清淤,再翻土,深度 20~30 cm,曝晒、平整。池塘整理后,进水之前用生石灰或漂白粉等进行消毒。生石灰用量为 0.5~1.0 kg/m²,用水化开后,立即全池泼洒;漂白粉(有效氯超过 30%)用量为 10~30 g/m²,制成悬浮液全池泼洒。鱼苗下塘前 7~10 d 注入新鲜海水并施放基肥进行肥水,培养浮游动植物,供早期鱼苗摄食。当池塘水温在 18℃ 以上,即可放初孵仔鱼,放苗密度为 8 万～15 万尾/亩。放苗时,应注意顺风放,防止苗种吹到岸边引起大量死亡。鱼苗入池后,应根据水体浮游动植物的数量情况,及时施加追肥,投入人工配合饵料等,防止水体饵料过少导致苗种死亡。育苗期间水温不超过 26℃,可采用遮阳网或增加水位的方法控制水温。每天清晨和傍晚及时巡塘,确定施肥与投饵数量。一般在土池培育 25～30 d 的苗种,体长可达 2.5 cm 以上。

7.3 鲻的人工养殖技术

7.3.1 营养需求及饲料

鲻属杂食性鱼类,可直接摄食米糠、豆饼、花生饼等饲料。有研究表明,投喂的人工配合饲料中粗蛋白含量在 30% 左右,即可满足鲻生长的营养需求,低于大多数海水养殖鱼类的粗蛋白需求(李来好等,2001)。

7.3.2 池塘养殖技术

7.3.2.1 池塘选择

选择水源充足,排灌方便,土质肥沃,为泥质或泥沙质黏性土结构,水质良好,土塘的保水保肥能力强,无地下冷浸水渗出,池塘有效水深 1.5～2 m,垦区养鱼池四周应无工业污染源排入。海水密度适中、营养盐丰富、水质肥沃、潮差大、风静浪平的内湾和中高潮区较好,滩涂平坦且应有一定的坡度(一般为 1∶1 000),并且池底滩涂应高于低潮线,以便于进排水。

7.3.2.2 苗种放养

鲻苗种放养时间宜早不宜晚,浙江一般在 4～5 月,福建、广东等较南地区在 2～3 月,放养规格为体长 3 cm 左右的鱼苗(李加儿等,1998)。放养密度依据养殖方式来定,一般单养池塘 4 000～5 000 尾/亩,混养鱼塘控制在 600 尾/亩左右,和虾混养 30 尾/亩。最好在短时间内放足同一规格的种苗,陆续投苗放养会造成个体生长不均且给捕捉上市带来不便。在放养前必须做好"清杂、平滩、肥水"等工作,清杂用生石灰 200 kg/亩或二氧化氯 200 g/亩进行消毒清池,杀灭病原体,清除鰕虎鱼、鳗等敌害生物。新池一般在池底曝晒至龟裂后每亩撒施 15～30 mm 厚糠,注水 5～10 cm,加发酵的有机肥作基肥 100～200 kg/亩。

已经过多年养殖,有机沉积物较多的老鱼虾池,可不用投施基肥,待水色变浓后即可放苗养殖。

7.3.2.3 日常管理

每天早晚各巡塘 1 次,观察池塘水质、鱼活动、鱼数量及是否存在"浮头"、病害等情况,决定施肥投饵的数量及是否要加排水、使用药物等措施。鲻投饵以米糠、豆饼、花生饼等饲料为主,辅投鱼粉、鱿鱼等食品加工下脚料等含较高蛋白质和脂肪的动物性饵料补充营养,促进生长。投喂坚持"四定"原则,一般投饵量为鱼体总重的 2%～5%,并根据天气、水质等变化情况灵活投喂。

7.4 鲻的病害防治

鲻抗病能力强,粗放养殖及少量混养一般无病害发生,但近年来随着养殖密度的增加及池塘捕捞频率过大,养殖鲻也常出现病害,主要包括病毒性、细菌性、真菌性和寄生虫病等。

7.4.1 细胞肿大病毒病(彩虹病毒)

症状 病鱼体表无明显损伤,游泳异常,贫血症状明显,鳃呈暗灰色,肾脏失血,显灰白色。患病鱼死亡率为 30%～100%。

防治方法 目前无有效的治疗方法,主要以预防为主。国外有报道通过注射灭活疫苗防治,但在国内还未见使用的报道。

7.4.2 弧菌病

症状 在早春时期,对鲻的感染率较高,病鱼鳍的基部、腹部及口腔周围出现紫斑瘀血,肝能检出该病菌。

防治方法 鲻性情较暴躁,在捕捞、搬运等操作过程中,尽量小心,减少鱼体损伤。使用土霉素、四环素等抗生素拌饲料投喂,使用量为 50～70 mg/(kg 鱼·d),连续投喂 3～7 d。

7.4.3 水霉病

症状 由水霉菌感染导致,养殖各阶段皆可发生。病鱼表现为狂躁不安,皮肤分泌黏液增加,鳞片出血,食欲减退。严重时,肉眼能观察到体表灰白色棉絮状物。

防治方法 加大养殖换水,结合药浴 2 mg/L 的硫酸铜溶液 3~5 d。

7.4.4 鱼虱病

症状 由一种称为东方鱼虱的桡足类寄生虫寄生而引起。病鱼回转跳跃、惶惶不安,并且鱼体明显消瘦。寄生虫在鱼体上繁殖很快,吸取大量的鱼体营养而生活,由于鱼体内缺少养分,最终造成死亡。

防治方法 因东方鱼虱不适应在盐度较低的水域里生活,故可采取调节海水盐度的方法,使其逐渐脱离鱼体。

第8章　鮸状黄姑鱼

8.1　鮸状黄姑鱼的生物学特征

8.1.1　分类地位及分布

鮸状黄姑鱼(*Nibea miichthioides*)，隶属于鲈形目石首鱼科黄姑鱼属，俗称鮸鲈，主要分布在我国浙江、福建、广东等亚热带海域。鮸状黄姑鱼为肉食性鱼类，具有生长速度快、抗病能力强等优点，是海水鱼类中具有推广价值的好品种。

8.1.2　形态特征

鮸状黄姑鱼体呈青灰色，体侧上部有许多浅褐色波状条纹。眼大，头长为眼径的 5.4～6.2 倍，有颊孔 6 个。背鳍 X ，尾鳍楔形，侧线鳞明显，54～56 个。

8.1.3　栖息习性

鮸状黄姑鱼平时喜欢生活在水中下层，在进行摄食活动时才游到上层，在饥饿或繁殖季节也会游到水上层。亲鱼在繁殖季节夜间和白天都会在中上层活动。鮸状黄姑鱼的性情比较温和，很少跳跃，能与鲈、梭鱼等鱼类混养。

8.1.4　食性

鮸状黄姑鱼为肉食性鱼类，对动物性饵料没有严格的选择，不挑食，喜食蓝圆鲹和金色小沙丁鱼，摄食凶猛。鮸状黄姑鱼摄食自控能力差，幼鱼阶段的摄食量最大，随着个体的增长日摄食量逐渐下降。鮸状黄姑鱼的日摄食量与水温密切相关，水温 6℃时日摄食量为体重的 2%，随着水温的升高，最大日摄食量达到体重的 16%，但水温升高到 28℃时，日摄食量却开始减少。

8.1.5　生长习性

鮸状黄姑鱼体长在 20 cm 之前体长增长明显,但体重增加不明显。当体长达到 20 cm 以上时,体重增长速度明显快于体长,说明鮸状黄姑鱼在此阶段的个体发育,不但从体长上而且在体高、体宽、骨骼及内部器官系统都得到全面发育。从养殖初期的体长 3～5 cm,养殖 120 d,体长可增长到 35 cm 以上,体重增加至 400～600 g,平均体重达 500 g 以上。

8.1.6　繁殖习性

鮸状黄姑鱼性成熟年龄为 3 龄。繁殖季节 4～6 月。繁殖季节性腺成熟的雄鱼发出"咕-咕-咕"的鸣叫声,发情产卵时的声音短促。雌雄区别主要依据尿殖孔的外形特征,雌鱼呈半圆形,雄鱼呈尖形。自然产卵通常在夜间或凌晨进行。一般在水温 18～25℃,盐度 14～35 的条件下即可产卵。3 龄鱼产卵量为 90 万～130 万粒,4 龄鱼产卵量为 160 万～180 万粒,5 龄鱼产卵量为 220 万～280 万粒,6 龄鱼产卵量可达 300 万～410 万粒。鮸状黄姑鱼属于分批产卵类型,繁殖季节一般产卵 2～4 次,间隔约 10 d。每催产一次,产卵量依次减少。雌雄配对最佳性比为 1∶1。在正常情况下,亲鱼不会因产卵而死亡(胡石柳和张其永,1997)。

8.2　鮸状黄姑鱼的人工育苗技术

8.2.1　亲鱼培育与催产

8.2.1.1　亲鱼培育

鮸状黄姑鱼亲鱼的培育不等同于成鱼的养殖,培育优质的亲鱼必须精心管养。放养亲鱼的密度控制在 1～1.5 尾/m³ 以内,使亲鱼有足够的活动空间。亲鱼的饲料质量和日摄食量至关重要。必须选用营养价值高的蓝圆鲹、金色小沙丁鱼、狗母鱼类和竹荚鱼作为亲鱼的日常饲料。4～11 月水温 18～30.5℃,亲鱼的摄食量为体重的 12%～16%,早晚各投一次。12 月至翌年 3 月水温 6～17℃,亲鱼的摄食量为体重的 2%～12%,每天投喂 1～2 次。每年 1 月至翌年 4 月为产前精养期,5～6 月为产卵和产后精养期。精养期间的饲料以新鲜或冷冻的蓝圆鲹为主,金色小沙丁鱼为辅,不投喂变质饲料。每周在饲料中加入维生素 E(20 mg/尾)和复合维生素 B(50 mg/尾)。定期换网,保证网箱水流畅通。冬季定期检查并预防湖蛙的寄生,使越冬期和产卵前亲鱼不发病,以免影响性腺发育(胡石柳,1999)。

8.2.1.2　人工催产

当水温稳定在18℃以上,而且观察到亲鱼昼夜成群游到中上层,雄鱼发出"咕-咕-咕"的鸣叫声时,就可进行人工催产。挑选性腺发育良好,腹部膨大的亲鱼作为催产对象。雌雄性比为 1:1,催产亲鱼密度 0.5 尾/m³。催产剂配制方法:用 LHRH - A 和 HCG 混合激素加维生素 B₁₂和维生素 C 注射液配制而成。雌鱼注射剂量:LHRH - A 12～18 μg/kg 和 HCG 120～180 IU/kg,雄鱼减半。从胸鳍下方进行注射,注射时一般在下午 4:00～6:00(胡石柳和张其永,1997)。

8.2.2　产卵与孵化

催产环境的光照度应保持在100 lx 以内,注射催产激素后36～40 h 雌鱼开始产卵。亲鱼从发情追逐到产卵结束约 120 min,其中追逐的时间占 2/3 以上。产卵前雄鱼追逐强烈并发出短促的"咕-咕-咕"鸣叫声,雄鱼的头部把雌鱼尾部顶到水面,此时常听见雌鱼尾部拍打水面的声音。一旦进入产卵,雌雄鱼游速减慢,而且尿殖孔靠得很近,头部朝着同一方向游进,完成自然产卵过程 20～35 min。发现产卵后,不能急于起网收集受精卵,以免影响产卵效果(胡石柳和张其永,1997)。

鮸状黄姑鱼的受精卵浮于水的上层,而未受精的卵则沉于中下层,但由于亲鱼的游动有部分非受精卵也会浮到水体的上层,导致受精卵与非受精卵常混在一起。受精卵的收集和运输必须先配制盐度为 33～34 的海水,作为集卵和运输的用水,使受精卵呈浮性。收集卵的捞网用 60 目/cm² 的尼龙筛绢制作。受精卵被捞出后,将其置于盐度为 33～34 的海水半小时,去除死卵。按 10万～20 万粒/m³ 密度把受精卵放入孵化池孵化,采用充气微流水,孵化的海水盐度为 25～30(胡石柳和张其永,1997)。

8.2.3　苗种培育

8.2.3.1　水泥池育苗

仔鱼出膜后放在水泥池进行培育。接入小球藻(浓度为 $50×10^4～60×$

10^4 cell/m^3)。仔鱼早期培育密度为 0.5 万～1 万尾/m^3,每天 1 次的换水量为 1/5～1/3。后期培育密度为 0.3 万～0.5 万尾/m^3,每天 1 次的换水量从 1/3 增加到 1/2。海水 pH 7.5～8.2,溶氧量 5.5 mg/L 以上,池水透明度 30～40 cm。系列饲料种类有:经小球藻强化的褶皱臂尾轮虫、卤虫无节幼体及桡足类(胡则辉等,2007)。

8.2.3.2　土池育苗

稚鱼全长 13～15 mm 就可移到室外土池培育。土池面积在 10 亩以内为宜。放苗前应做好清池消毒、进水过滤和肥水培育天然生物饲料等工作。放苗时选择无风的晴天早晚进行。放苗点选在避风坐北向南的池边,放苗后每 2～3 h 投喂牡蛎浆 1 次。夜间不投料,灯诱桡足类作为补充饲料。3～4 d 后,每 4～5 h 投喂 1 次,以牡蛎浆、蓝圆鲹肉糜加幼鳗饲料,用淡水拌成浆状投喂。10～15 d 后每天早、中、晚各投喂 1 次,以蓝圆鲹肉糜为主加幼鳗饲料,用淡水拌成团状投喂。25～30 d 后每天早、中、晚各投喂 1 次,饲料量增加的同时延长投料时间。每天进水 1 次,换水量 20～30 cm(胡则辉等,2007)。

8.3　鮸状黄姑鱼的人工养殖技术

8.3.1　营养需求及饲料

鮸状黄姑鱼的饲料有幼鳗饲料、蓝圆鲹、金色小沙丁鱼、狗母鱼类、条尾鲱鲤和竹荚鱼等。全长 20～30 mm 的幼鱼,其饲料要求首先去鳞及骨、刺,然后用孔径 2 mm 的绞肉机绞细,加幼鳗饲料拌匀,每 2 h 投喂 1 次,日投喂量为鱼体重的 16%～20%。幼鱼全长 40～50 mm 时,饲料种类不变,但绞肉机孔径换成 5 mm,每 2 h 投喂 1 次。幼鱼全长达 70～120 mm 时,饲料加工前不用去鳞及骨、刺,仍用 5 mm 孔径的绞肉机加工,投喂次数改为早上 6 点、上午 10 点、下午 3 点及傍晚 6 点各 1 次,投喂量为体重的 16%～18%。鱼体全长达到 170 mm 时,用 15 mm 孔径的绞肉机加工,投喂次数改为早、晚各 1 次,投喂量为鱼体重的 12%～16%。鱼体全长达到 230 mm 以上时,投喂块状或者整条小鱼、小虾,早晚各投料 1 次,投喂量为鱼体重的 7%～10%(胡则辉等,2007)。

8.3.2 池塘养殖技术

8.3.2.1 池塘处理与生物饵料培养

为保证鮸状黄姑鱼良好的生长环境和充足的生物饵料,需对池底进行彻底的清淤和消毒。清淤后,池内进水 10 cm,然后每亩撒生石灰 75 kg,2 d 以后将池水排出,注入新水 90～100 cm,每亩施发酵鸡粪 60 kg,具体施肥方法是将发酵好的鸡粪装入筛绢网袋内,每袋 15 kg,再将其浸入池水的表层,当池水透明度达到 25 cm 左右时,将网袋拉出水面,待需要时再用(刘宗豹,2003)。

8.3.2.2 大规格苗种培育

当土池温棚内池水水温稳定在 18℃以上时,将室内培育的 1.2～1.5 cm 的鱼苗投放到池内,投放密度为 10 万尾/亩。苗种培育前期,饵料以池内繁殖的生物饵料为主,搭配投喂少量卤虫成虫。中后期投喂卤虫成虫,每天投喂 2 次,投喂量为每万尾鱼苗投喂 20～30 kg,具体的投喂量应根据鱼苗的摄食情况灵活确定。在鱼苗培育阶段,应特别注意水质和水温的变化,随着鱼苗的不断长大,及时添加新水,必要时换水,在添换水时,温差控制在 2℃以内,当池水温度达到 27℃时,及时将温棚底部塑料膜掀起,使其通风控制水温(刘宗豹,2003)。

8.3.2.3 养成期管理

当苗种长至 6.0 cm 左右时,即可转移至土塘中饲养,投放密度一般以500 尾/亩为宜。在整个养殖过程中,投喂小杂鱼,每天 2 次,饵料鱼解冻混入0.5%的鲜蒜汁,日总投喂量为鱼体重的 8%～10%,具体投喂量需根据鱼的摄食情况确定。坚持每天早晚巡塘。在整个养殖过程中,每逢大潮期间进水 30～50 cm,保持池水"新、活、爽",使透明度保持在 40～50 cm。每隔半个月泼洒生石灰20 kg/亩,在雨季或高温季节,要特别注意鱼的活动和摄食情况,及时添换水(刘宗豹,2003)。

8.3.3 海水网箱养殖技术

8.3.3.1 网箱的选择

养殖网箱的网目规格分别为 15 mm、20 mm、35 mm 和 50 mm;网箱规格长、宽、深分别为 3.5 m×2.5 m×1.5 m、3.5 m×2.5 m×2.5 m、3.5 m×2.5 m×3.5 m。15 mm 网目是无结的机织网片加工而成;20 mm 网目是有结的机织网片加工而成,网线为 12 丝;35 mm 网目是有结人工编织网,网线为25 丝;

50 mm 网目是有结人工编织网,网线为 40 *丝*。前 3 种网目规格适于养殖 4 kg 以下幼鱼,后一种规格适于养殖 4 kg 以上幼鱼和亲鱼。幼鱼从全长 50～70 mm 养殖到 90～120 mm,使用 15 mm 网目的网箱;全长 90～120 mm 养殖到 210～230 mm,使用 20 mm 网目;全长达到 210 mm 以上时,可使用 35 mm 网目;长到 460 mm 以上时,则使用 50 mm 网目(胡石柳和张其永,1997)。

8.3.3.2　放养规格和密度

鮸状黄姑鱼网箱养殖的放养规格和密度与养殖成活率的关系密切。放养全长 20～30 mm 的成活率仅 35%,放养全长 40～50 mm 的成活率为 75%,而放养全长 70～110 mm 的成活率为 91%,放养全长 90～120 mm 的成活率为 93.4%。放养密度与个体发育快慢有关。幼鱼全长 40～50 mm 的放养密度为 20～30 尾/m³,最佳密度为 25～28 尾/m³。幼鱼全长 90～120 mm 的放养密度为 20～25 尾/m³。正常情况下,幼鱼每 15～20 d 调整一次放养密度并根据鱼体大小调换网箱网目规格,当全长达到 210 mm 以上时,根据鱼体不同大小分网养殖(胡石柳和张其永,1997)。

8.3.3.3　分级养殖

个体大小不同应分网养殖,尤其在幼鱼阶段全长 40～50 mm 的个体不能与 150 mm 以上个体混养,全长 100 mm 的个体不能与 200 mm 以上个体混养。因为在饥饿的情况下,大鱼吃小鱼和咬尾现象时有发生,为提高养殖的成活率和养殖产量,必须采用分级养殖法。从幼鱼养到全长 420 mm,体重 1.15 kg,养殖时间 189 d,分三级养殖效果较好。第一级放养的全长 40～70 mm;第二级放养的全长 150～200 mm;第三级放养的全长大于 230 mm(胡石柳和张其永,1997)。

8.3.3.4　日常管理

1. 换网

细网目的网箱换网间隔时间在 10 d 以内,粗网目的换网间隔在 30 d 以内。4～11 月,污损生物如贝藻类、海鞘、腔肠动物和藤壶等容易附生在网片上,如不及时换网,会导致网目堵塞和网底沉积物增多,使网箱负载过重而下沉,或绳断网破而逃鱼(胡石柳和张其永,1997)。

2. 饲养

日常饲料应把好饲料质量关,饲料不鲜,容易引起消化道疾病。日投料量不可忽多忽少,防止暴食和饥饿。饲料台要消毒,并重视病害防治工作(胡石柳和张其永,1997)。

8.4　鮸状黄姑鱼的病害防治

鮸状黄姑鱼虽然抗病能力较强,但在人工养殖条件下也会发生疾病,以下面3种常见病害为例,介绍其防治方法。

8.4.1　细菌性烂鳃病
病原　杆状细菌。

症状　病鱼体色发黑,游动缓慢,外界刺激反应迟钝,食欲减退,鱼体消瘦。捕起病鱼观察,可见病鱼鳃盖内表皮肤充血发炎,鳃丝黏液增多、肿胀,部分呈淡红色,淤血处呈紫红色,并可见小出血点。鳃黏液呈淡黄色。

流行情况　池水温达到25～30℃时,易发生此病。

防治方法　进入高温季节,每15 d用10～20 kg生石灰全池遍洒,在晴天上午进行。

8.4.2　竖鳞病
病原　水型点状假单胞菌。

症状　病鱼离群独游,游动缓慢,鱼体发黑,受伤鱼鳞片竖起,鳞下积有半透明液体,严重时鳞片脱落;病鱼的鳍基部充血,腹部膨大,腹腔内有积水,有的内脏器官有不同程度的病变。

防治方法　在运输过程中尽量防止鱼体受外伤,或者运输鱼苗时,放入1～2 ppm呋喃西林。

8.4.3　细菌性肠炎病
病原　肠型点状气单胞菌。

症状　病鱼离群独游,游动缓慢,体色发黑,食欲差或不摄食。发病早期肠壁局部发炎,肠腔没有食物,肠内黏液多。发病后期肠壁呈红色,肠内没食物,只有淡黄色的黏液,肛门红肿,有黄色黏液从肛门流出。

流行情况 水温在 18~30.5℃时流行,此病常和细菌性烂鳃病并发。

防治方法 严把饵料关,变质的饵料不能投喂,控制适宜的投饵量,防止鱼类暴食。

第9章 大弹涂鱼

9.1 大弹涂鱼的生物学特征

9.1.1 分类地位及分布

大弹涂鱼(*Boleophthalmus pectinirostris*),俗称跳鱼、泥猴,隶属鲈形目弹涂鱼科大弹涂鱼属。为暖水广温、广盐性两栖小型鱼类,在我国主要分布于江、浙、闽、粤、桂及台等沿海省份,大弹涂鱼常以活鱼出售,肉味鲜美、营养丰富,和酒炖服可治耳鸣头晕盗汗、肾虚,具有滋补强身的功效,深受广大消费者欢迎。

9.1.2 形态特征

大弹涂鱼体延长,侧扁,头大,近圆筒形。一般体长 10～20 cm,体重 20～50 g。眼小位高,互相靠拢,突出于头顶之上,下眼睑发达。口大略斜,两颌等长,两颌各有牙 1 行,上颌牙呈锥状,前方每侧 3 个牙呈犬牙状;下颌牙斜向外方,呈平卧状。体被小圆鳞,无侧线。胸鳍基部宽大,肌肉柄发达,腹鳍愈合成吸盘。体深褐色,背鳍和尾鳍上有蓝色小圆点。体背黑褐色。腹部灰色。背侧有 6 个黑色条状块,周身遍布不规则的绿褐色斑点,背鳍 2 个,第 1 背鳍很小。仅有鳍棘 5 条,鳍棘末端成丝状延长,其中第 3 鳍棘最长;第 2 背鳍与臀鳍均较长,其长度大体相等。尾鳍楔形、宽大,第 2 背鳍有 3 条通常的灰白色横线,胸鳍有黄绿色虫纹状图案,十分艳丽。

9.1.3 栖息习性

大弹涂鱼为沿岸暖温性小型鱼类,喜栖息于港湾和河口潮间带淤泥滩涂,广盐性。穴居,有钻泥栖息的习性,其孔道深达 50～70 cm,孔道的深浅与长度依底质而异,软泥层厚的区域孔道较深。大弹涂鱼一般独居,在春夏繁殖季节可在孔道中产卵。利用胸鳍和尾柄在海滩上爬行或匍匐跳跃,稍受惊动就跳回水中或钻入穴内。皮肤和尾巴为辅助呼吸器官,能较长时间干露。

9.1.4　食性

大弹涂鱼为杂食性鱼类,主食底栖硅藻,兼食泥土的有机质及桡足类和圆虫,常在退潮时出来索饵刮食底栖硅藻。

9.1.5　生长习性

大弹涂鱼 6～7 月生长速度较快,8 月生长减慢,9～11 月又较快生长,12 月至翌年 2 月生长最慢,翌年 3～6 月生长又相对加快,其体长和体重相对增长率的年变化规律基本与池塘水温年变化一致。

9.1.6　繁殖习性

大弹涂鱼雌雄异体,1 年性成熟,成熟个体体长 12～15 cm,体重 40～80 g,繁殖季节为 4～9 月,盛期 5～7 月。雌鱼性成熟最小个体为 62 mm,雄鱼为 59 mm。卵径小,0.5～0.6 mm,卵的密度大于环境海水密度。体长 10 cm 左右的成熟雌鱼怀卵量 12 000～15 000 粒。由于弹涂鱼肝脏占的比例很大,成熟的雄雌体腹部在外观上看均很大,所以性别难以辨认,需要仔细观察。生殖孔红肿,大而圆形为雌鱼,生殖器狭小延长呈尖状为雄鱼(刘瑞辉,2011)。

9.2　大弹涂鱼的人工育苗技术

9.2.1　亲鱼培育与催产

9.2.1.1　亲鱼培育

产卵育苗池底质为粉砂质黏土,面积 800～1 200 m²/口,池深 0.8～1.0 m,备有进、排水系统。池堤围以尼龙网片,池上方覆盖遮阳网。育苗场附近应有淡水水源。产卵前 1 个月放养亲鱼。选择池塘养殖或潮间带滩涂的 2 龄鱼作为亲鱼,雌、雄鱼性比为 1∶1,放养密度为 2.5～3.0 尾/m³。亲鱼培育期间,产卵育苗池水位保持 5～10 cm,加强底栖硅藻培养管理(洪万树等,2006)。

9.2.1.2　亲鱼自然产卵

繁殖期间,亲鱼不用注射激素,任其在土池洞穴内自然产卵,受精卵自然孵化。池中亲鱼每个月产卵 2 批次,产卵日期从小潮到临近大潮,即每逢农历初八至十三和廿三至廿八。每批次产卵期约 6 d,受精卵经 5~6 d 孵出仔鱼,仔鱼孵化后 2~3 日龄出洞(陈超鸣,2010)。

9.2.2　苗种培育

9.2.2.1　水泥池育苗

水泥育苗池水深约 1 m,仔鱼放养密度为 2 000~3 000 尾/m³,用咸淡水培育仔稚鱼,其中海水占 2/3,淡水占 1/3,水温宜控制在 24~30℃。仔鱼前期隔天少量换水,仔鱼后期和稚鱼期每天换水,换水量为 1/5~1/2。日夜充气,充气量随生长发育而逐渐加大。饵料系列为小球藻(或云微藻)、微型颗粒有机碎屑、S 形褶皱臂尾轮虫、桡足类和卤虫无节幼体。

孵出仔鱼后,育苗池输入高密度的小球藻,在育苗过程中,每天适当添加小球藻。刚开口摄食时,仔鱼的口径小,混合性营养期短,仔鱼危险期出现在孵化后 3~5 日龄,因此采用微型颗粒有机碎屑和 S 形褶皱臂尾轮虫混合饵料。新鲜的滩涂海泥富含有机碎屑和拟铃虫,海泥加水搅拌后拨入池中,使池水透明度达到 28~30 cm 为止。从仔鱼 2 日龄起每天拨放 2 次,连续 15 d。在这期间还需投喂个体较小的 S 形褶皱臂尾轮虫,每天投一次。池中的小球藻可供营养强化轮虫并稳定水质。仔鱼 5 日龄起加入少量桡足类(以无节幼体和桡足幼体为主)或卤虫无节幼体。随着仔稚鱼生长发育,逐渐加大桡足类成体和卤虫无节幼体的投入量。仔鱼危险期过后,仔稚鱼数量比较稳定。当饵料供应不足时会出现个体生长差异,但不发生互相残食现象,因此不必分苗培育。育苗期间,池壁如果出现浒苔和藤壶,应经常清除。稚鱼体色变为灰黑即可收苗。仔稚鱼成活率一般为 30.2%~41.4%,单位水体出苗量约为 1 000 尾/m³(张其永,1995)。

9.2.2.2　土池育苗

仔、稚鱼和早期幼鱼在原池培育。先将小球藻和褶皱臂尾轮虫引入产卵育苗池。少量多次施放复合肥和鱼浆,培养池水中的桡足类。当池水中桡足类不足时,必须及时从桡足类培养池中收集投放补充。仔、稚鱼和早期幼鱼的系列饵料为颗粒有机碎屑、拟铃虫、桡足类无节幼体、多毛类幼体、桡足类幼体和成体及底栖硅藻。育苗期间水位逐渐加高,育苗中后期的水位至少保持在 $0.8\sim$ $1.0\,m$,引进淡水将池水盐度调节到 $15\sim20$。育苗期间水温不超过 $32℃$,可采用遮阳网和增加水位的方法控制水温。其他池水环境条件:溶解氧含量 $4.0\sim$ $7.0\,mg/L$,透明度 $18\sim25\,cm$,NH_3- $N<0.2\,mg/L$,pH $7.8\sim8.2$。育苗期间不同批次的仔、稚、早期幼鱼和亲鱼在同一口池中不会出现互相残食现象,不必分苗培育。如果发现池水富营养化而引起溶解氧过饱和,要及时开启增氧机。因为溶解氧过饱和会导致仔鱼鳔膨胀死亡(洪万树等,2006)。

9.3　大弹涂鱼的人工养殖技术

9.3.1　营养需求及饲料

大弹涂鱼主要索食底藻,不直接摄食米糖、豆饼、花生饼等饲料。因此,养殖时无需投喂饵料,只要放苗前做好底栖藻类培育即可。经过一段时间饲养后,底栖硅藻消失,水质浑浊,必须排水、晒池、施肥,促使底栖硅藻重新繁殖。

9.3.2　池塘养殖技术

大弹涂鱼营穴居生活,有钻泥栖息的习性,人工养殖的情况下均为土塘养殖。

9.3.2.1　池塘选择

选择水源充足,排灌方便,土质肥沃,为泥质或泥沙质黏性土结构,水质良好,土塘的保水保肥能力强,无地下冷浸水渗出,泥深 $1\sim1.5\,m$,垦区养鱼池四周应无工业污染源排入。且常年有适量淡水源注入,有鳗场肥水和虾池肥水注入尤佳。海水密度适中、营养盐丰富、水质肥沃、潮差大、风静浪平的内湾和中高潮区较好,滩涂平坦且应有一定的坡度(一般为 $1:1\,000$),且池底滩涂应高于低潮线,以便于排水、晒底滩和施肥培植底栖藻(王昌各和王月香,2004)。

9.3.2.2　藻类培养

大弹涂鱼主要以底栖黄褐色硅藻为食,其次是蓝绿藻,一般不直接摄食米糠、鱼粉、人工配合饲料等。也未发现互相残食现象。唯独有良好充足的藻类才能促使弹涂鱼正常生活和快速生长,因此促进池底和滩面藻类繁殖至关重要。所以在放养前必须做好"清杂、平滩、肥水"等工作,清杂用生石灰200 kg/亩或二氧化氯200 g/亩进行消毒清池,杀灭病原体,清除鰕虎鱼、鳗等敌害生物。新池一般在池底曝晒至龟裂后每亩撒施15～30 mm厚糠,注海水5～10 cm,用机耕机打匀,保持海水10 cm,加发酵的有机肥作基肥100～200 kg/亩,隔3～4 d注入海水,6～7 d后引入淡水,其中海水占1/3,淡水占2/3,并适时加些有益微生物,如鱼、虾等。已经过多年养殖,有机沉积物较多的老鱼、虾池,投施基肥量宜少不宜多,待水色变浓后即可放苗养殖(王昌各和王月香,2004)。

9.3.2.3 放养规格和密度

在天然苗种区的池塘采用自然纳潮进苗,其余地方均购买天然苗种放养。放苗时间宜在晚上或阴天一般放苗量3 000～10 000 尾/亩:1～3 cm小规格幼苗8 000～10 000 尾;3～5 cm规格苗6 000～8 000 尾;5 cm以上大规格苗3 000～5 000 尾,条件较差的池塘,应适当降低放养密度,以防饵料供应不足,养殖周期变长。最好在短时间内放足同一规格的种苗,陆续投苗放养会造成个体生长不均且给捕捉上市带来不便(王昌各和王月香,2004)。

9.3.2.4 日常管理

每天早晚各巡塘1次,观察池塘底栖硅藻数量变化、大弹涂鱼活动情况等,检查塘基有无渗漏水,池边拦围网、池上方的防鸟网是否破损等(施均颜,2010)。大弹涂鱼以底栖硅藻等藻类为食,不直接摄食饲料,确保池中底栖藻类繁殖有利于其生长。一般经过10～15 d后,池塘内底藻逐渐减少,应及时排干水,进行晒坪施肥。新池施熟化有机肥如发酵鸡粪40 kg/亩,老池施无机肥如尿素1.5 kg/亩,过磷酸钙0.5 kg/亩,引入新鲜海水促进底栖硅藻繁殖。放苗后1～2 d放水至0.5～1 cm,保持10～15 d,为白苗提供停留的地点防止一直游泳体力消耗过大(刘瑞辉,2011)。

9.4 大弹涂鱼的病害防治

大弹涂鱼适应性强,若持续出现高温、水底浑浊和强降雨等情况,养殖过程中还是会出现问题,在疾病防治上主要以预防为主。

对于池塘内出现的鱼、虾、蟹类等敌害生物,通过放网捕捞对方法减少其数量,同时在进水时采用细网目筛绢过滤,以防其幼体和卵子进入养殖池。

应注意预防福清热蛭,福清热蛭会吸取大弹涂鱼血液,使鱼体消瘦,活动迟缓。可采用淡水浸泡治疗,在 23～28℃水温,4～5 h 后福清热蛭全部脱落死亡,而大弹涂鱼仍活动正常。

青苔多生长在池塘浅水处,大量繁殖时,消耗水体中的营养成分,影响底栖硅藻的繁育,同时其衰老时变成棉絮状飘浮于水面形成乱丝,容易使鱼苗误入其中被缠绕至死。可在苗种放养前全池泼洒生石灰 75～100 kg/亩进行预防,治疗时可加入盐度高的海水或人工清除。

细菌性疾病,长期养殖下,池塘底质氨氮和亚硝酸盐含量高,对鱼的毒性较大,容易出现应激出血反应,患病鱼体腹部肌肉腐烂、鳍条发红,可通过全池泼洒溴氯海因加以预防和治疗(施均颜,2010)。

参 考 文 献

陈超鸣.2010.大弹涂鱼室内、外结合人工育苗试验[J].福建水产,2:62-64.

陈四清,季文娟,潘生弟.1998.黑鲷幼鱼对 Zn、Cu 的营养需要[J].中国水产科学,5(2):52-56.

陈壮,梁萌青,郑珂珂,等.2014.饲料蛋白水平对鲈鱼生长、体组成及蛋白酶活力的影响[J].渔业科学进展,2:51-59.

窦兵帅.2013.饲料中碳水化合物及脂肪水平对鲈鱼中、后期生长性能及生理状态的影响[D].上海:上海海洋大学硕士学位论文.

高淳仁,李岩.1993.黑鲷幼鱼对饵料蛋白质、脂肪、糖类需求量的研究[J].齐鲁渔业,6:35-37.

高淳仁,李岩,徐学良.1992.黑鲷幼鱼配合饵料中纤维素适宜含量的研究[J].饲料研究,4:7-8.

耿智,徐冬冬,史会来,等.2012.黄姑鱼(*Nibea albi flora* Richardson)早期生长发育研究[J].海洋科学进展,30(1):77-86.

侯俊利,刘存岐.2000.美国红鱼对环境因子及营养的需求[J].水产科技情报,4:175-178.

洪万树,张其永,叶启旺,等.2006.大弹涂鱼 *Boleophthalmus pectinirostris*(Linnaeus)土池生态育苗特点与关键技术[J].现代渔业信息,21(4):3-4.

胡石柳,张其永.1997.鮸状黄姑鱼生物学及养殖[J].福建水产,4:40-46.

胡石柳.1999.鮸状黄姑鱼人工繁殖与育苗技术的研究[J].集美大学学报(自然科学版),4(1):33-40.

胡则辉,徐君卓,史会来.2007.鮸状黄姑鱼的研究现状及开发利用前景[J].水产科技情报,34(1):16-19.

季文娟.1999.饲料中不同脂肪源对黑鲷幼鱼生长和鱼体脂肪酸组成的影响[J].渔业科学进展,20(1):69-74.

贾友宏,吴伟军.2007.大弹涂鱼池塘养殖试验[J].科学养鱼,34(1):46-48.

金煜华,谢中国,楼宝,等.2014.黄姑鱼仔稚鱼发育过程中氨基酸和脂肪酸的变化[J].浙江海洋学院学报(自然科学版),33(1):53-58.

金煜华.2014.黄姑鱼仔稚鱼的营养生理研究及微粒饲料的研制[D].杭州:浙江海洋学院硕士学位论文.

孔祥雨.1987.东海区渔业资源调查和区划[M].上海:华东师范大学出版社:366-374.

李加儿,区又君,丁彦文,等.1998.广东池养鲻鱼的繁殖生物学[J].中国水产科学,3:38-42.

李明云,郑忠明,管丹东,等.2007.鮸鱼工厂化育苗技术[J].中国水产,2:58-60.

李来好,陈培基,杨贤庆,等.2001.鲻鱼营养成分的研究[J].营养学报,1:91-93.

林小勇.2007.花鲈幼鱼饲料磷需要量研究[D].杭州:浙江大学硕士学位论文.

林星.2013.饲料中不同蛋白质水平对花鲈幼鱼生长和饲料利用的影响[J].福建农业学报,7:648-652.

刘端辉.2011.大弹涂鱼的养殖[J].养殖技术顾问,10:231-233.

刘洪杰,毛兴华,王文兴,等.1998.美国红鱼全人工育苗技术的初步研究[J].中国水产科学,4:114-117.

刘家富.2013.大黄鱼养殖与生物学[M].厦门:厦门大学出版社.

刘镜恪,雷霁霖.1997.活饵料中 VC 对黑鲷仔稚鱼生长影响的初步研究[J].中国水产科学,4:90-92.

刘镜恪,雷霁霖.1998.活饵料中 n-3 高度不饱和脂肪酸对黑鲷仔稚鱼生长和存活的影响[J].渔业科学进展,19(2):14-18.

刘镜恪,王可玲,王新成.1995.黑鲷饲料中最适蛋白质含量及动、植物蛋白质比的研究[J].海洋与湖沼,26(4):445-448.

刘利生.2008.鲈鱼养殖新技术[M].西安:陕西科学技术出版社.

刘巧灵.2009.黄姑鱼 *Nibea albiflora* (Richardson)苗种网箱暂养技术研究[J].现代渔业信息,24(1):20-22.

刘宗豹,袁金红,王振和,等.2003.鮸状黄姑鱼池塘养殖技术[J].渔业现代化,2:23.

楼宝,史会来,毛国民,等.2011.黄姑鱼全人工繁育及大规格苗种培育技术研究[J].现代渔业信息,26(3):20-23.

楼宝.2004.鮸鱼的渔业生物学和人工繁养技术[J].渔业现代化,6:11-13.

马晶晶,邵庆均,许梓荣,等.2009.n-3高不饱和脂肪酸对黑鲷幼鱼生长及脂肪代谢的影响[J].水产学报,33(4):639-649.

毛兴华,季如宝,朱明远,等.1997.美国红鱼试养的初步研究[J].海洋科学进展,1:30-34.

区又君.2008.鲻鱼人工繁殖技术[J].海洋与渔业,6:30-31.

单乐州,谢起浪,邵鑫斌,等.2010.鮸鱼胚胎发育及其仔、稚、幼鱼形态特征和生活习性的初步研究[J].海洋科学,1:75-79.

史会来,楼宝,毛国民,等.2011.黄姑鱼亲鱼培育与产卵技术试验[J].水产养殖,11:8-10.

施均颜.2010.大弹涂鱼健康养殖技术[J].水产养殖,31:15-16.

施兆鸿,彭士明,侯俊利.2010.我国鲻、梭鱼类资源开发及其生态养殖前景的探讨[J].渔业科学进展,2:120-125.

苏传福.2005.花鲈营养需求的研究进展[J].饲料研究,14:35-38.

苏永全.2004.大黄鱼养殖[M].北京:海洋出版社.

孙庆海,陈诗凯.2003.鮸鱼规模化繁育技术研究[J].浙江海洋学院学报(自然科学版),3:273-276.

孙庆海,施维德,孙建璋,等.2005.鮸鱼早期发育的形态学初步研究[J].南方水产,6:8-17.

田明诚,徐恭昭,余日秀.1962.大黄鱼形态特征的地理变异与地理种群问题[J].海洋科学集刊,2:79-97.

王昌各,王月香.2004.大弹涂鱼健康养殖技术[J].渔业致富指南,12:50-52.

王波,刘世禄,张锡烈,等.2002.美国红鱼形态和生长参数的研究[J].渔业科学进展,1:47-53.

王良仟.2004.浙江效益农业百科全书[M].北京:中国农业科学技术出版社.

王蕾蕾.2007.黑鲷幼鱼适宜蛋白质需要量的研究[D].杭州:浙江大学硕士学位论文.

王远红,吕志华,高天翔,等.2003.不同海域中国花鲈营养成分的比较研究[J].青岛海洋大学学报(自然科学版),4:531-536.

谢忠明.2004.大黄鱼养殖技术[M].北京:金盾出版社.

徐冬冬,李三磊,楼宝,等.2010.黄姑鱼的生物学特征和养殖生态学的研究现状及养殖前景[J].现代渔业信息,25(10):23-26.

徐后国.2013.饲料脂肪酸对鲈鱼幼鱼生长、健康及脂肪和脂肪酸累积的影响[D].青岛:中国海洋大学博士学位论文.

徐恭昭,田明诚,郑文莲,等.1959.大黄鱼的种族[A].河内:太平洋西部渔业研究委员会第四次全体会议宣读的论文.

徐建峰.2011.浅析美国红鱼网箱无公害养殖技术[J].水产养殖,6:33-34.

徐镇,李明云,陈惠群.2007.鮸鱼胚胎发育的研究[J].海洋科学,2:93-97.

薛镇宇.1999.鲈鱼养殖技术[M].北京:金盾出版社.

吴文婵.2012.鲻鱼胚胎发育及规模化繁育技术的研究[J].北京农业,15:137-138.

张璐.2006.鲈鱼和大黄鱼几种维生素的营养生理研究和蛋白源开发[D].青岛:中国海洋大

学博士学位论文.

张其永,洪万树.1995.大弹涂鱼人工繁殖与养成研究Ⅰ.大弹涂鱼生物学特性[J].福建水产,4：1-6.

张其永,洪万树,陈朴贤.2001.福建海水鱼类人工繁殖和育苗技术的现状与展望[J].台湾海峡,2：266-273.

中国农业百科全书编辑部.1994.中国农业百科全书.水产业卷[M].北京：中国农业出版社.

周立红,洪惠馨,林利民,等.1998.鲈鱼配合饵料的研究[J].饲料研究,8：6-7.

庄虔增,卢珺.2001.巧养鳜鲈[M].北京：中国农业出版社.

郑镇安,黄苏霞,施泽博,等.1983.黑鲷 *Sparus macrocephalus*（Basilewsky）人工繁殖及育苗的研究[J].福建水产,3：3-16.

郑重莺,郑斌.2003.鲈鱼肌肉氨基酸含量及组成的分析[J].浙江科技学院学报,15S0：73-74.

朱德芬.1996.黑鲷人工养殖技术讲座[J].水产养殖,1：30-32.

邹玉芹,张东芝,王为璋.2000.黑鲷网箱养殖技术[J].齐鲁渔业,17(3)：21-22.

Ai Q, Mai K, Zhang C, et al. 2004. Effects of dietary vitamin C on growth and immune response of Japanese seabass, *Lateolabrax japonicus* [J]. Aquaculture, 242（1-4）：489-500.

Chang Q. 1997. Apparent digestibility coefficients of various feed ingredients for Japanese sea bass(*Lateolabrax japonicus*)[J]. Aquacultue, 155(1-4)：207-221.

Chang Q, Liang M Q, Wang J L, et al. 2005. Apparent digestibility coefficients of various feed ingredients for Japanese sea bass (*Lateolabrax japonicus*). Acta Hydrobiologica Sinica, 29(2)：172-176.

Ji H, Om A D, Umino T, et al. 2003. Effect of dietary ascorbate fortification on lipolysis activity of juvenile black sea bream *Acanthopagrus schlegeli*[J]. Fisheries Science, 69(1)：66-73.

Peng S, Chen L, Qin J G, et al. 2009. Effects of dietary vitamin E supplementation on growth performance, lipid peroxidation and tissue fatty acid composition of black sea bream (*Acanthopagrus schlegeli*) fed oxidized fish oil[J]. Aquaculture Nutrition, 15（3）：329-337.

Thomson J M. 1955. The Movements and Migrations of Mullet (*Mugil cephalus* L.)[J]. Marine and Freshwater Research, 6(3)：328-347.